블록체인과 인공지능의 융합

디지털 화폐, 금융, RWA, 인터넷, 메타버스의 미래

블록체인과 인공지능의 융합

디지털 화폐, 금융, RWA, 인터넷, 메타버스의 미래

2023년 12월 10일 초판 인쇄
2023년 12월 15일 초판 발행

지은이 | 한승무
펴낸이 | 이찬규
펴낸곳 | 북코리아
등록번호 | 제03-01240호
주소 | 13209 경기도 성남시 중원구 사기막골로 45번길 14
우림2차 A동 1007호
전화 | 02-704-7840
팩스 | 02-704-7848
이메일 | ibookorea@naver.com
홈페이지 | www.북코리아.kr
ISBN | 978-89-6324-310-8(93500)

값 20,000원

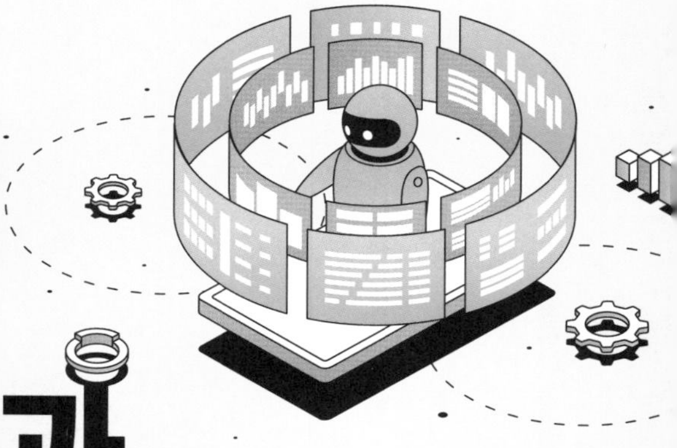

블록체인과 인공지능의 융합

한승무 지음

디지털 화폐, 금융,
RWA, 인터넷,
메타버스의 미래

북코리아

프롤로그

20년 전, 디지털 기술이 현재와 같은 모습을 갖추기 전의 세상에서 저는 대학에서 '미래 공학기술'이라는 교과목을 개설하게 되었습니다. 그때는 블록체인이라는 단어도 들어본 적이 없었고, 디지털 세계는 아직 초기 단계에 있었습니다. 그러나 그 이후로 블록체인과 인공지능이 우리의 삶에 깊숙이 스며들면서 우리 사회와 경제에 어떤 영향을 미치는지 목격하게 되었습니다. 대학 강의실에서 학부생과 대학원생들과 함께 저는 이러한 기술적 변화와 혁신에 대해 흥미로운 토론을 나누며 미래를 탐구했습니다. 또한, 수많은 연구와 실무에서 직접 체험하고 탐색하면서 블록체인과 인공지능의 잠재력과 변화의 파고를 깊이 이해하게 되었습니다. 이 책을 통해 여러분께 그 흥미로운 여정을 공유하고자 합니다.

블록체인과 인공지능은 현대의 기술적 경이로움의 정점에 서 있습니다. 그들의 발전을 지켜보는 것은 마치 별들이 밤하늘에 반짝이는 것을 감상하는 것과 같은 감동을 줍니다. 처음에는 블록체인은 '비트코인'

이라는 한 가지 코인으로만 인식되었으며, 많은 사람들은 그것을 단순한 투기의 대상으로 여겼습니다. 그러나 이 기술은 일시적인 현상이 아니었습니다. 중앙 집중화된 시스템의 한계를 극복하고, 탈중앙화의 새로운 패러다임을 열며, 그 안에서 다양한 혁신적인 가능성을 제시했습니다. 반면에, 인공지능은 데이터를 분석하고 자동화하는 역할로 시작되었습니다. 하지만 점차 인공지능은 우리의 생각, 판단, 그리고 일상의 도우미가 되어, 우리 삶의 많은 부분에 깊숙이 스며들고 있습니다.

그러나 두 기술이 서로 독립적으로 발전하고 있다고 생각하는 것은 큰 오해입니다. 두 기술 사이의 상호작용은 서로를 강화하고 발전시키며, 그 결과로 한층 더 강력하고 혁신적인 변화가 이루어지고 있습니다. 대부분의 사람들은 아직도 이들 기술의 융합이 가져오는 파급력을 완전히 이해하지 못하고 있습니다. 그러나 이미 두 기술이 서로 결합하여 만들어내는 혁신은 우리 주변 여러 분야에서 두드러지게 나타나고 있으며, 그 융합은 계속해서 기술의 새로운 지평을 연다는 것을 알 수 있습니다. 디지털 혁신의 바람은 우리 시대의 큰 흐름으로, 단순한 기술 발전 이상의 의미를 지니며 사회구조와 문화까지 큰 변화의 물결을 일으키고 있습니다. 블록체인의 등장은 특히 중앙 집중식의 시스템을 완전히 재구성하며 그 구조의 근본적인 변화를 가져오고 있습니다.

예를 들면, 금융에서는 더 이상 중앙 은행이나 대형 금융기관의 독점이 아닌 투명하고 안전한 거래의 실현을 가능하게 했습니다. 또한, 부동산 분야에서는 중개인 없이도 직접적이며 신뢰할 수 있는 거래를 할 수 있는 길을 열었습니다. 인공지능의 힘은 그 범위가 광대함을 넘어서 우리 삶의 모든 측면에서 그 혁신적 효과를 느낄 수 있습니다. 의료 분야에서는 병의 진단부터 치료 방법의 제안, 심지어는 수술의 도움까지 제공하며, 교육에서는 개개인의 학습 능력과 습관에 맞춰진 맞춤형 교육 방안을 제시합니다. 제조산업에서는 생산 과정의 최적화와 효율성 향상을 위한 다양한 방법들을 찾아내 경쟁력을 높이는 데 큰 도움을 주고 있습니다.

이러한 디지털 혁신의 물결은 단순히 우리의 삶의 질을 향상시키는 것을 넘어 우리 사회에 새로운 가치관과 철학을 제시하며, 그 결과로 더욱 풍요로운 미래를 조명하고 있습니다. 더 나아가, 이 혁신은 기존의 직업과 산업 구조를 재편하며 새로운 직업과 기회의 창출을 유도하고 있습니다. 이는 현재와 미래 세대 모두에게 새로운 도전의 기회를 제공하며, 그 안에서 무한한 가능성을 발견하게끔 합니다. 디지털 혁신의 물결 속에서 블록체인과 인공지능이 가져올 미래의 모습은 매우 흥미롭습니다. 이 두 기술의 융합은 지금까지 경험하지 못한 새로운 디지털 세계의 시작을 알릴 것입니다. 저는 미래에도 블록체인과 인공지능이 지속적으로 융합되며 그 가능성의 경계를 계속해서 확장해나갈 것이라고 확신합니다.

메타버스는 가상의 디지털 세계를 의미하며, 이곳에서 사용자들은 다양한 활동과 경험을 할 수 있습니다. 이러한 메타버스의 세계는 블록체인 기술의 투명성, 안정성, 그리고 탈중앙화된 구조를 바탕으로 이루어질 것이며, 인공지능의 기술은 사용자 개개인의 경험을 최적화하고, 가상세계에서의 상호작용을 더욱 풍부하게 만들어줄 것입니다. 또한, 디지털 인터넷 혁명으로 기존의 웹 기반의 인터넷을 넘어 물리적인 세계와 디지털 세계가 점점 더 밀접하게 연결되는 시대를 맞이하게 될 것입니다. 이러한 변화 속에서 블록체인은 정보의 신뢰성과 투명성을 확보하는 기반을 제공하게 될 것이며, 인공지능은 끊임없이 발전하는 데이터 분석과 처리 능력으로 이러한 빠르게 변화하는 환경에 최적의 솔루션을 제시할 것입니다. 미래에는 이 두 기술의 융합이 일상의 많은 부분에 녹아들어 우리의 삶을 더욱 편리하고 풍요롭게 만들어줄 것입니다. 예를 들어, 가상의 디지털 자산을 실제로 사용하거나 인공지능이 개인의 취향과 필요에 따라 메타버스에서의 경험을 맞춤화하는 등의 혁신적인 변화가 예상됩니다. 이러한 기술적 발전과 융합을 통해 우리는 더욱 새로운 경험과 가치를 창출해나갈 수 있을 것이며, 그 과정에서 인간의 삶의 질과 사회의 복지를 더욱 향상시킬 수 있을 것입니다.

이 책은 여러분이 디지털 혁신의 선봉에서 함께 나아가는 동반자가 되길 바랍니다. 이 책을 통해 여러분이 블록체인과 인공지능이라는 복잡해 보이는 주제를 쉽게 이해하고 공감할 수 있도록 구성했습니다. 또한, 기술에 익숙하지 않은 일반인도 쉽게 접근하여 현대 디지털 기술의 진화와 그 중심에 있는 두 기술의 중요성을 깨닫기를 바랍니다. 저는 이 책이 여러분에게 지식의 나침반이 되길 소망합니다. 디지털 세계는 끊임없이 발전하고 있으며, 그 중심에는 블록체인과 인공지능이 함께 있습니다. 이 책을 통해 여러분이 그들의 깊고도 흥미진진한 세계로의 여정에 동참하게 되길 바랍니다. 두 기술이 서로 어떻게 상호작용하면서 혁신의 바람을 일으키는지, 그리고 그것이 어떻게 우리의 미래와 일상에 파급효과를 미치는지에 대해 깊게 다루었습니다. 제 개인적인 탐구와 실무에서의 경험, 그리고 연구와 강의라는 두 개의 다리를 걸치며 얻은 통찰과 지식을 바탕으로 쓴 이 책을 통해 그 흥미로운 여정을 여러

분과 함께 나누고자 합니다.

마지막으로, 제 지식은 한계가 있음을 인정합니다. 그러나 그 한계를 뛰어넘기 위해 꾸준히 노력하는 과정에서 얻은 통찰을 진심으로 여러분과 나누려 합니다. 이 책이 디지털 혁명의 선봉에서 함께 나아가는 여러분의 동반자가 되길 바랍니다.

감사의 마음을 담아,
한승무

CONTENTS

CONTENTS

1장

블록체인과 인공지능의 이해

Convergence of blockchain
and artificial intelligence

블록체인의 역사와 현황

블록체인은 분산원장 기술로서, 디지털 거래 기록을 안전하게 저장하고 관리하는 혁신적인 기술이다. 이는 암호학, 컴퓨터 과학, 경제학 등의 다양한 분야가 결합된 결과물로, 다음과 같은 주요 이벤트와 발전 과정을 거쳤다.

블록체인의 역사

1976년, 공개키 암호화의 탄생

미국의 암호학자 휫필드 디피(Whitfield Diffie)와 마틴 헬만(Martin Hellman)이 공개키 암호화 방식을 제안했다. 이는 두 개의 키(공개키와 비밀키)를 사용하여 데이터를 암호화하고 복호화하며, 블록체인에서도 널리 사용되고 있다.

1982년, 전자화폐 개념 도입

데이비드 샤움(David Chaum)이 익명성과 보안성을 갖춘 디지털 화폐, 전자화폐(eCash) 개념을 처음으로 제안했다. 이는 후에 '디지캐시(DigiCash)'라는 회사를 통해 상업화되었으나 중앙화된 관리 시스템 때문에 1998년에 파산했다.

1991년, 시간스탬프 기술개발

스튜어트 하버(Stuart Haber)와 스콧 스토네타(Scott Stornetta)가 문서의 위조를 방지하기 위한 '시간스탬프(Time Stamp)' 기술을 제안했다. 이는 '머클 트리(Merkle Tree)'라는 자료구조를 사용해 문서의 존재와 순서를 증명했다.

1998년, 비트골드 프로젝트

닉 사보(Nick Szabo)가 작업증명과 시간스탬프, 해시체인(Hash Chain)을 사용하는 디지털 화폐 '비트골드(Bit Gold)'를 제안했다. 비트골드는 완전한 구현에는 이르지 못했으나 후의 비트코인 발전에 기여했다.

2008년, 비트코인

익명의 사토시 나카모토(Satoshi Nakamoto)가 작업증명을 기반으로 하는 분산형 디지털 화폐 및 거래 시스템 '비트코인(Bitcoin)'을 제안했다. 이는 블록체인 기술의 대중화를 이끌었다.

2013년, 이더리움 플랫폼

비탈릭 부테린(Vitalik Buterin)이 스마트 컨트랙트(Smart Contract)를 실행할 수 있는 이더리움(Ethereum) 플랫폼을 제안했다. 이는 블록체인의 활용 범위를 넓혔으며, 2015년에 메인넷이 출시되었다.

2015년, 카르다노 프로젝트

찰스 호스킨슨(Charles Hoskinson)과 제러미 우드(Jeremy Wood)가 과학적 방법론을 기반으로 한 '카르다노(Cardano) 프로젝트'를 시작했다. 카르다노는 2017년에 메인넷이 출시되었으며, 증명량 기반의 합의 알고리즘을 사용한다.

2016년, 폴카닷 프로젝트

개빈 우드(Gavin Wood)가 블록체인 상호 운용성과 확장성을 제공하는 '폴카닷(Polkadot)' 프로젝트를 제안했다. 폴카닷은 다른 블록체인들과 데이터와 자산을 교환할 수 있도록 했다.

2017년, 솔라나 프로젝트

아나톨리 야코벤코(Anatoly Yakovenko)에 의해 시작된 프로젝트로, '퀄컴(Qualcomm)'에서의 경험을 기반으로 높은 성능과 확장성을 목표로 한다. 프루프 오브 히스토리(Proof of History)와 프루프 오브 리플리케이션(Proof of Replication)을 사용해 초당 수만 건의 거래를 처리한다.

2018년, 아발란체 프로젝트

에민 건 시러(Emin Gun Sirer)가 시작한 프로젝트로, 새로운 합의 알고리즘인 '스노우 패밀리'를 사용하여 높은 처리량과 낮은 지연시간을 가진 블록체인 플랫폼을 구축했다.

2019년, 코스모스 프로젝트

다른 블록체인들을 연결하는 블록체인 인터넷(Internet of Blockchains)을 만드는 목표로, 다양한 블록체인이 서로 데이터와 자산을 교환할 수 있게 했으며 2019년에 메인넷이 출시되었다.

2020년, 이더리움 2.0 프로젝트

이더리움의 성능과 보안, 확장성 등을 개선하기 위해 기존의 네트워크를 완전히 재구성하는 계획으로, 진행 중에 있다.

2021년, 이더리움 레이어2 솔루션

이더리움의 확장성 문제를 해결하기 위한 다양한 기술들로 구현되어 있으며 처리량과 속도 향상, 수수료 절감 등을 이룩했다.

2022년, 혁신 시작, 규제와 진흥

블록체인과 인공지능, 메타버스, NFT(Non-Fungible Token, 대체 불가능 토큰) 등이 결합하여 혁신적인 비즈니스 모델과 서비스를 만들어냈다. 미국과 대한민국 등 주요 국가에서 블록체인 규제와 산업 진흥에 대한 관심과 노력이 증가하고 있다.

2023년, 블록체인 혁명 시작 및 성장

블록체인 혁명이 본격적으로 시작되고 있으며, 규제 확립과 기업들의 적극적인 참여로 다양한 분야에서 블록체인 기술의 활용이 확대되고 있다. 또한, 여러 문제점이 드러남과 동시에 개선과 혁신이 진행 중이며, 무분별한 투자로 인한 거품이 꺼지면서 건전한 성장이 기대되고 있다. 이러한 전개를 바탕으로 블록체인 기술은 급속히 성장하고 있으며, 다양한 분야에서 혁신적인 변화를 이끌고 있다. 더욱 체계적이고 효과적인 적용을 위해서는 기술, 정책, 경영 등의 다양한 측면에서의 협력과 지속적인 연구개발이 필요할 것으로 보인다.

블록체인의 현황

시장규모 및 성장

블록체인 시장은 2018년 1조 달러 규모에서 시작하여 2019년에는 1.7조 달러로 전년 대비 약 70% 성장했다. 2020년 코로나19 팬데믹에도 불구하고 2.4조 달러로 지속 성장했으며, 2021년에는 디지털 화폐와 스마트 계약의 성장으로 3조 달러, 2022년에는 기업 및 정부의 적극적인 참여로 4.2조 달러에 이르렀다. 2023년에는 메타버스, NFT 등 신기술과의 결합으로 더욱 확장되어 예상 5.5조 달러의 규모로 성장하고 있다.

각 국가의 현황

미국은 대기업과 스타트업이 협력하여 블록체인의 연구 및 개발에 앞장서고 있다. 유명 대학과의 협력을 통한 연구가 활발하며, 월가와 실리콘밸리에서의 투자도 늘고 있다. 캐나다는 블록체인 기술의 연구와 발전에 투자하고 있으며, 금융, 건강 관리, 에너지 등의 분야에서 블록체인의 활용을 적극적으로 모색하고 있다.

유럽연합은 개인정보 보호와 보안에 중점을 둔 표준화 노력이 진행하고 있다. 영국 런던은 블록체인 스타트업의 중심지로, 금융기술 혁신과 결합하여 다양한 서비스를 제공하고 있다. 정부는 블록체인 연구와 발전을 지원하고, 규제 샌드박스를 통해 새로운 비즈니스 모델을 실험하고 있다. 독일, 프랑스 등 주요 국가에서는 블록체인 기반의 에너지 및 의료 시스템 연구가 활발하다. 스위스는 '크립토 밸리'로 알려져 있으며, 블록체인과 암호화폐에 대한 친화적인 법률 환경을 제공하고 있다. 연구와 기술 발전을 적극 지원하며 글로벌 블록체인 혁신의 중심지로 자리 잡고 있다.

우리나라는 금융, 공공 서비스 분야에서 블록체인의 적용이 활발하다. 정부의 산업 육성 정책과 함께 기업과 대학의 협력이 이루어지고 있다. 일본은 블록체인을 도입한 소매 및 결제시스템이 늘어나고 있다. 정부와 금융기관이 협력하여 블록체인 기반의 금융 서비스가 확장되고 있으며, 교육 및 연구 분야에서도 활용이 증가하고 있다. 중국 정부는 블록체인 기술을 전략적 중요 분야로 지정했으며, 다양한 산업 분야에서 블록체인의 적용을 적극 추진하고 있다. 특히, 디지털 위안화 프로젝트를 선도하며 글로벌 디지털 화폐의 표준을 제시하고 있다. 인도는 블록체인을 활용한 디지털 정부 서비스 제공을 강화하고 있다. 또한, 농업, 보건, 교육 등의 사회적 문제 해결을 위한 블록체인 프로젝트를 적극 지원하고 있다.

홍콩은 금융 중심지로서, 블록체인 기반의 금융 서비스 개발에 앞장서고 있다. 최근에는 금융 규제 혁신과 함께 블록체인 기업 육성에 집중하고 있다. 싱가포르는 글로벌 블록체인 허브로 자리 잡고 있으며, 정부와 기업, 대학 간의 협력이 활발하다. 최근에는 인공지능과 결합한 블록체인 기술 연구와 활용이 두드러진다. 두바이는 정부가 블록체인을 활용한 '스마트 두바이' 전략을 추진 중이며, 2023년까지 공공 서비스의 50% 이상을 블록체인으로 전환할 계획을 세우고 있다.

이와 같이 블록체인 기술은 전 세계적으로 끊임없이 성장하고 있으며, 다양한 분야와 국가에서 혁신적인 적용을 보이고 있다. 각 국가의 다양한 전략과 활용은 블록체인의 무한한 가능성을 보여주고, 앞으로의 지속적인 연구와 협력, 투자가 기대되고 있다.

블록체인의 원리와 특징

블록체인의 원리와 특징을 이해하려면 먼저 블록체인이 어떤 시스템인지를 알아야 한다. 블록체인은 거래를 기록하는 일련의 블록들이 서로 연결된 체인 형태의 분산 데이터베이스다.

블록체인의 기초

블록체인 기술에서 '채굴(Mining)', '해시(Hash)', 그리고 '합의(Consensus) 알고리즘'은 기본적이면서도 중추적인 개념이다. 이러한 복잡한 개념들을 철저히 파악하려면 컴퓨터 과학의 일부 핵심 원리에 대한 깊은 이해가 필요하다.

채굴(Mining)

블록체인의 채굴 과정은 특정 블록의 유효성을 검증하고 블록체인에 추가하는 정교한 절차를 지칭한다. 이 과정은 복잡한 수학적 문제를 해결해야 하는데, 이에는 암호를 분석하거나 특정 수치를 찾는 등의 복잡한 계산이 포함될 수 있다. 채굴자(Miner)들은 이러한 문제를 해결하기 위해 광범위한 컴퓨팅 능력을 동원하며, 문제를 먼저 해결하고 그 해답을 네트워크에 제공하는 채굴자에게는 보상이 주어진다. 이 보상은 새로운 블록을 블록체인에 추가할 권리를 포함할 수 있으며, 대체로 암호화폐 형태로 지급된다.

해시(Hash)

해시는 데이터를 특정한 짧은 문자열로 고유하게 변환하는 기법이다. 해시 함수는 임의의 길이의 데이터를 입력받아 고정된 길이의 고유한 문자열을 반환하는 함수로, 동일한 입력은 동일한 출력을 생성하되, 아주 미세한 입력 차이마저도 완전히 다른 해시를 생성한다. 이러한 기본 원리들은 블록체인이 그 보안성, 불변성, 투명성을 보장하는 데 결정적인 역할을 하며, 중앙 집중화된 시스템에 비해 블록체인이 제공하는 많은 이점을 형성한다.

합의(Consensus) 알고리즘

블록체인 네트워크에서 거래의 확인 및 새 블록의 추가는 주로 Proof of Work (PoW)와 Proof of Stake (PoS)라는 두 가지 주요 합의 알고리즘을 통해 이루어진다. 이들 알고리즘은 블록체인의 안전과 무결성을 확보하는 방법을 제공하나, 각각의 작동 원리는 다소 차이가 있다.

Proof of Work (PoW)는 비트코인에 처음 도입되었으며 블록체인 네트워크에서 가장 일반적인 합의 알고리즘이다. 참여자들은 복잡한 수학적 문제를 해결하며, 먼저 문제를 해결한 참여자에게는 새 블록을 블록체인에 추가할 권리가 주어지며 암호화폐를 보상으로 받는다.

Proof of Stake (PoS)는 상대적으로 자원을 덜 사용하는 합의 알고리즘이며, 이더리움(ETH)과 에이다(ADA) 같은 일부 블록체인에서 채택되었다. 참여자들은 보유한 암호화폐의 양 또는 지분에 비례하여 새 블록을 생성하고 검증하는 권한을 얻는다. 이 알고리즘은 에너지 소비를 크게 줄이지만 암호화폐의 분산화를 위협할 수 있다는 비판도 있다.

그 밖에도 Delegated Proof of Stake (DPoS), Byzantine Fault Tolerance (BFT) Variants와 같은 다양한 알고리즘들이 있다. 이들은 각각 블록체인의 성능, 보안, 분산화 수준 등을 조절하며, 특정 블록체인 프로젝트의 필요와 목표에 부합하는 적절한 알고리즘이 선택된다.

블록체인의 구성요소

블록체인은 다음과 같은 구성요소로 이루어져 있다.

블록

블록은 블록체인의 기본단위로, 거래 데이터, 이전 블록의 해시값, 타임스탬프, 난스값 등을 포함한다. 블록은 새로운 거래가 승인될 때마다 생성되며, 이전 블록과 연결된다. 각 블록은 고유한 식별자인 해시값을 가지고 있으며, 해시값은 블록의 내용이 변경되면 바뀌므로, 블록의 무결성을 보장한다.

난스(Nonce)

블록을 생성하기 위해 사용되는 임의의 숫자다. 난스는 합의 알고리즘에 따라 특정 조건을 만족하는 값을 찾기 위해 반복적으로 변경된다.

거래

거래는 블록체인에서 발생하는 모든 활동을 기록하는 데이터 단위다. 거래는 보내는 사람, 받는 사람, 금액, 수수료, 서명 등의 정보를 포함한다. 거래를 발생시키는 주체는 자신의 개인키로 거래를 서명하고, 자신의 공개키로 거래 주소를 생성한다. 그리고 거래 데이터를 네트워크에 전파한다. 네트워크에 있는 노드(Node)들이 거래 데이터를 받아서 검증하고 승인한다. 검증 과정에서 거래 서명이 유효한지, 잔액이 충분한지, 이중 지불이 없는지 등을 확인한다. 승인 과정에서 새로운 블록이 생성되고, 이전 블록과 연결된다.

서명

서명은 거래를 승인하고 인증하기 위해 사용되는 디지털 서명이다. 서명은 공개키 암호화 방식을 사용하여 생성된다. 공개키 암호화 방식은 키가 공개키(Public Key)와 개인키(Private Key)로 구분되는 암호화 방식이다. 공개키는 거래 주소로 사용되며, 개인키는 거래 서명에 사용된다.

개인키로 서명한 거래는 공개키로만 검증할 수 있으므로, 거래의 발신자와 수신자를 확인할 수 있다.

키(Key)

키는 거래를 생성하고 서명하기 위해 사용되는 암호화된 문자열이다. 키는 지갑이라는 소프트웨어나 하드웨어에 저장되고 관리된다. 키를 잃거나 도난당하면 거래를 할 수 없으므로 보안에 주의해야 한다.

지갑

지갑은 키와 잔액을 관리하는 소프트웨어나 하드웨어다. 지갑은 다양한 종류와 형태가 있으며, 보안과 편의성에 따라 선택할 수 있다. 예를 들어, 웹 지갑은 인터넷에 연결된 장치에서 접근할 수 있지만 해킹의 위험이 있다. 하드웨어 지갑은 별도의 장치에 키를 저장하므로 보안이 높지만 사용이 불편할 수 있다.

노드

노드는 블록체인 네트워크에 참여하는 컴퓨터다. 노드는 블록체인의 복사본을 가지고 있으며, 새로운 거래와 블록을 검증하고 전파한다. 노드는 네트워크의 안전성과 효율성에 기여한다. 노드는 풀 노드와 라이트 노드로 구분될 수 있다. 풀 노드(Full Node)는 전체 블록체인을 저장하고 모든 거래와 블록을 검증한다. 라이트 노드(Light Node)는 일부 블록체인만 저장하고 필요한 거래와 블록만 검증한다.

네트워크

노드들이 연결된 분산된 시스템이다. 네트워크는 퍼블릭과 프라이빗으로 구분될 수 있다. 퍼블릭 네트워크는 누구나 참여할 수 있으며, 프라이빗 네트워크는 허가된 사람들만 참여할 수 있다.

블록체인의 원리

블록 생성 및 검증 과정은 블록체인 네트워크의 핵심 구성요소다. 블록체인은 이 과정을 통해 모든 거래를 안전하고 투명하게 처리하며, 그 결과를 변경할 수 없는 방식으로 기록한다.

블록의 생성

블록의 생성은 거래가 발생했을 때 시작된다. 예를 들어, 비트코인을 사용하여 누군가에게 돈을 보내려는 경우 이 정보(송신자, 수신자, 송금액 등)는 거래로 생성되어 임시 블록에 포함된다. 이 임시 블록은 바로 블록체인에 포함되지 않으며, 네트워크의 다른 참여자들에 의해 검증되어야 한다. 여러 거래들이 이렇게 모아져서 새로운 블록을 형성한다.

블록의 검증

블록의 검증은 블록체인 네트워크 참여자들이 수행한다. 이들은 일반적으로 PoW 방식의 경우에는 '마이너(Miner)'라고 불리며, 복잡한 수학적 문제를 해결함으로써 블록을 검증한다. 이 과정을 '채굴'이라고 한다. 이 수학적 문제는 블록의 정보를 바탕으로 만들어지는데, 그 결과는 블록의 고유한 식별자(Identifier)인 '해시(Hash)'가 된다. 이 해시값(고유한 값)은 공개되며, 이를 통해 블록의 정보가 변조되지 않았음을 증명한다.

마이너가 문제를 먼저 해결하면, 그의 블록이 네트워크에 공개되고 다른 참여자들에 의해 검증된다. 블록이 올바르다고 확인되면 블록체인에 추가되며 마이너는 보상을 받게 된다. 이러한 방식은 블록체인의 보안성을 보장한다. 한 블록의 정보를 변경하려면 그 블록의 해시값을 변경해야 하며, 그렇게 하려면 수학적 문제를 다시 해결해야 한다. 또한, 이 블록 이후의 모든 블록의 해시값도 변경해야 하므로 일단 블록이 블록체인에 추가되면 그 정보를 변경하거나 삭제하는 것은 사실상 불가능하다. 이것이 블록체인의 '불변성' 원칙이다.

블록의 승인

검증된 거래들은 합의 알고리즘에 따라 승인된다. 검증된 블록은 이전 블록의 해시값을 포함하여 블록체인에 추가된다. 이로써 거래는 영원히 블록체인에 기록되게 된다.

블록체인의 특징

블록체인은 거래를 기록하는 일련의 블록들이 서로 연결된 체인 형태의 분산 데이터베이스다. 이러한 시스템은 다음과 같은 특징을 가진다.

탈중앙화

블록체인은 중앙기관이나 제3자의 개입 없이 네트워크 참여자들이 직접 거래를 검증하고 합의하는 방식으로 운영된다. 이는 거래 비용을 절감하고 중앙기관의 장애나 공격에 대한 위험을 줄여준다.

투명성

블록체인에 기록된 모든 거래는 공개적으로 조회할 수 있으며, 거래 내역은 변경할 수 없다. 이는 거래의 신뢰성과 책임성을 강화하고, 부정거래나 사기를 방지한다.

보안성

블록체인은 암호화 기술과 합의 알고리즘을 통해 거래의 유효성과 정당성을 보장한다. 각 블록은 그 이전 블록의 해시값과 자신의 해시값을 포함하므로, 하나의 블록을 변조하려면 그 이후의 모든 블록을 변조해야 한다. 이는 네트워크 참여자들의 컴퓨팅 파워를 모두 동원해야 가능한 일이므로, 실질적으로 불가능하다. 또한, 네트워크 참여자들은 합의 알고리즘에 따라 새로운 블록을 생성하고 승인하는 과정에서 서로 검증하고 감시하기 때문에 부정한 거래나 공격을 차단할 수 있다.

익명성

블록체인에서는 실명이 아닌 공개키와 같은 암호화된 식별자를 사용하여 거래를 수행한다. 이는 개인정보를 보호하고, 개인 간 거래를 용이하게 한다. 단, 익명성은 완전하지 않으며, 공개키와 실명이 연결되면 거래 내역을 추적할 수 있다.

블록체인은 이러한 특징으로 인해 다양한 분야에서 혁신적인 서비스와 비즈니스 모델을 가능하게 한다. 예를 들어, 암호화폐는 전 세계적으로 송금과 결제를 신속하고 저렴하게 수행할 수 있게 하며, 스마트 컨트랙트는 계약의 이행과 검증을 자동화하고 간소화할 수 있게 한다. 또한, 블록체인은 공공 서비스, 의료, 보험, 물류, 콘텐츠, 게임 등 다양한 산업에서 데이터의 투명성, 보안성, 효율성을 높이는 역할을 할 수 있다.

인공지능의
이해

인공지능의 정의와 역사

인공지능이란 인간의 지능을 모방하거나 대체하는 기계나 소프트웨어를 말한다. 인공지능은 사고, 학습, 추론, 문제 해결, 의사결정, 자연어 처리, 컴퓨터 비전, 로봇 공학 등 인간의 지적 능력을 수행할 수 있다.

인공지능의 역사는 고대부터 시작되었다. 고대에는 장인들이 지능이나 의식을 부여한 인공 존재에 대한 신화나 이야기를 만들었다. 예를 들어, 그리스 신화에서는 헤파이스토스(Hephaestus)가 금속으로 만든 자동 인형을 만들었다고 한다. 중세에는 알케미스트(Alchemist)들이 인공적으로 생명을 창조하려는 시도를 했다. 예를 들어, '골렘(Golem)'이라는 흙으로 만든 인간형 생명체가 유대교 전설에 나온다.

현대의 인공지능은 1940년대부터 시작되었다. 이때 컴퓨터가 발명되고, 수학자들과 철학자들이 인간의 사고 과정을 기호의 기계적 조

작으로 설명할 수 있다고 주장했다. 1950년대에는 앨런 튜링(Alan Turing)이 '튜링 테스트'라는 인공지능의 판별 방법을 제안했고, 존 맥카시(John McCarthy)가 인공지능이라는 용어를 처음 사용했다. 1960년대부터 1980년대까지는 기호주의 인공지능이 주류가 되었으며, 전문가 시스템, 체스 프로그램, 자연어 이해 등의 연구가 활발히 이루어졌다.

1980년대부터 1990년대까지는 연결주의 인공지능이 부상했다. 이때, '신경망'이라는 뇌의 구조와 작동 방식을 모방한 모델이 개발되었고, '역전파 알고리즘'이라는 학습 방법이 발견되었다. 신경망은 패턴 인식, 이미지 처리, 음성 인식 등의 분야에서 좋은 성과를 보였다.

2000년대부터 현재까지는 '딥러닝(Deep Learning)'이라는 신경망의 발전된 형태가 주목받고 있다. 딥러닝은 다층 신경망을 사용하여 복잡하고 다양한 데이터를 학습할 수 있다. 딥러닝은 컴퓨터 하드웨어와 소프트웨어의 발전, 빅데이터의 축적, 새로운 알고리즘과 모델의 제안 등에 의해 가능해졌다. 딥러닝은 영상 인식, 자연어 처리, 바둑 등의 분야에서 놀라운 성과를 달성했다.

인공지능은 인간의 지능을 모방하거나 대체하는 기술로서, 과거부터 현재까지 꾸준히 발전해왔다. 인공지능은 사회와 산업에 많은 영향을 미치고 있으며, 앞으로도 더 많은 가능성과 도전을 제시할 것이다.

분류와 종류

인공지능은 다양한 방식으로 분류할 수 있는데, 가장 일반적인 분류 방식은 인공지능의 목표와 수준에 따른 것이다. 이에 따라 인공지능은 다음과 같이 네 가지로 구분할 수 있다.

인간처럼 사고하는 인공지능(Human-like Thinking AI)

인간의 사고 과정과 논리를 모방하여 문제를 해결하거나 지식을 표현하는 인공지능이다. 예를 들어 전문가 시스템, 기호주의 인공지능, 논리 기반 인공지능 등이 이에 해당한다.

인간처럼 행동하는 인공지능(Human-like Acting AI)

인간의 행동과 반응을 모방하여 주어진 상황에 적절하게 대응하는 인공지능이다. 예를 들어 로봇, 자연어 처리, 컴퓨터 비전 등이 이에 해당한다.

이성적으로 사고하는 인공지능(Rational Thinking AI)

인간의 사고 방식과 상관없이 최적의 결정이나 추론을 할 수 있는 인공지능이다. 예를 들어 탐색과 추론 알고리즘, 베이지안 네트워크(Bayesian Network), 게임 이론 등이 이에 해당한다.

이성적으로 행동하는 인공지능(Rational Acting AI)

인간의 행동 방식과 상관없이 주어진 목표를 달성하기 위해 최선의 행동을 선택하는 인공지능이다. 예를 들어 강화 학습, 계획, 에이전트 기반 시스템 등이 이에 해당한다.

또 다른 분류 방식은 인공지능의 성능과 범위에 따른 것이다. 이에 따라 인공지능은 다음과 같이 세 가지로 구분할 수 있다.

약한 인공지능(Weak AI)

특정한 작업이나 분야에 한정된 지능을 가진 인공지능이다. 현재 대부분의 인공지능은 약한 인공지능에 속하며, 머신러닝과 딥러닝을 활용하여 학습하고 개선할 수 있다.

강한 인공지능(Strong AI)

인간과 동등하거나 보다 더 뛰어난 범용 지능을 가진 인공지능이다. 아직 실현되지 않은 이상적인 목표로, 자기 의식과 자기 개선 능력을 갖추고 있다.

초인공지능(Super AI)

강한 인공지능보다도 월등히 뛰어난 지능을 가진 인공지능이다. 모든 지적 문제를 해결할 수 있으며, 인간의 이해를 초월할 수 있다.

응용 분야와 사례

인공지능은 언어 번역, 영상 인식, 신용 평가, 전자 상거래 등의 다양한 분야에서 사용되고 있다. 이 외에도 인공지능은 다음과 같은 분야와 사례에서 응용되고 있다.

첫째, 의료 진단, 치료, 예방, 연구 등에 사용된다. 예를 들어, IBM의 '왓슨(Watson)'은 암 진단과 치료를 돕는 인공지능 시스템이다. 구글의 딥마인드는 안구 질환을 감지하고 분류하는 인공지능 모델을 개발했다. 또한, 인공지능은 의료 데이터를 분석하고 관리하며, 의료 서비스를 개선하는 데에도 도움이 된다.

둘째, 교육의 품질과 접근성을 높이는 데에 사용된다. 예를 들어, '코세라(Coursera)'와 '에듀스(EDUCE)'는 인공지능을 활용하여 온라인 교육 플랫폼을 제공한다. 이들은 학습자의 수준과 목표에 맞춰 적절한 강좌와 자료를 추천하고, 학습 진행도와 피드백을 제공한다. 또한, 인공지능은 교사의 부담을 줄이고, 학생의 창의력과 협력을 향상시키는 데에도 기여한다.

셋째, 게임의 재미와 난이도를 증가시키는 데에 사용된다. 예를 들어, '스타크래프트 2'와 '도타(DOTA) 2' 같은 전략 게임에서도 인공지능이 인간의 최고 수준의 플레이어들과 경쟁하거나 협력하는 모습을 보여주었다. 또한, 인공지능은 게임 내의 캐릭터나 환경을 생성하거나 변화시키는 데에도 사용된다.

넷째, 자동차나 드론 등의 자율주행 장치를 제어하는 데에 사용된다. 예를 들어, 테슬라는 자동차에 내장된 카메라와 센서를 통해 주변 환경을 인식하고, 딥러닝 알고리즘을 통해 운전을 수행하는 자율주행 시스템을 개발했다.

인공지능의 주요 원리와 특징

인공지능의 핵심 개념과 알고리즘

인공지능의 핵심 개념은 인간의 지능을 모방하거나 대체하는 기계나 소프트웨어를 만드는 것이다. 인공지능은 사고, 학습, 추론, 문제 해결, 의사결정, 자연어 처리, 컴퓨터 비전, 로봇 공학 등 인간의 지적 능력을 수행할 수 있다. 이를 위해 인공지능은 여러 원리, 기술, 방법론들이 복합적으로 활용되며, 그중 일부 주요 원리와 특징은 다음과 같다.

머신러닝(Machine Learning)

인공지능의 중심적인 원리는 머신러닝이다. 이는 기계가 데이터를 통해 스스로 학습하는 능력을 뜻하며, 주어진 데이터를 분석하고 패턴을 찾아내어 예측, 분류, 군집화 등의 문제를 해결한다. 알고리즘에 따라 지도학습, 비지도학습, 강화학습 등으로 나눌 수 있다.

딥러닝(Deep Learning)

딥러닝은 머신러닝의 한 분야로, 인공 신경망을 통해 복잡한 문제를 해결하는 방법론이다. 더 많은 층(Deep)의 신경망으로 학습시킴으로써 이미지 인식, 음성 인식, 자연어 처리 등 다양한 분야에서 사용된다.

자연어 처리(Natural Language Processing, NLP)

인공지능이 사람의 언어를 이해하고 처리하는 능력이다. 이는 대화형 시스템, 번역 시스템, 감성 분석 등에 활용된다.

지능형 에이전트(Intelligent Agents)

지능형 에이전트는 환경을 인식하고, 이를 바탕으로 목표를 달성하는 데 도움이 되는 행동을 선택하는 인공지능 시스템이다. 이는 게임, 로봇 공학, 자율주행차 등에서 적용된다.

전문가 시스템(Expert Systems)

특정 분야의 전문가처럼 행동하는 인공지능 시스템이다. 전문가 시스템은 해당 분야의 지식을 규칙화하여 결정을 내리는 데 사용한다. 의료, 금융, 법률 등의 분야에서 활용된다.

모델과 구조

인공지능의 모델이란 인공지능의 목적과 기능을 수학 · 계산적으로 표현한 것이다. 인공지능의 모델은 입력 데이터를 받아서 출력 데이터를 생성하거나 예측하는 역할을 한다. 인공지능의 모델은 다양한 종류와 형태가 있다. 예를 들어 선형 회귀 모델, 로지스틱 회귀 모델, 결정 트리 모델, 서포트 벡터 머신 모델, 인공 신경망 모델, 콘볼루션(Convolution) 신경망 모델, 순환 신경망 모델, 변환기 모델, 생성적 적대 신경망 모델 등이 있다.

인공지능의 구조란 인공지능의 모델을 구성하고 연결하는 방식으로, 인공지능의 성능과 효율성에 영향을 미친다. 인공지능의 구조는 다양한 방식으로 설계하고 최적화할 수 있다. 예를 들어 피드포워드 구조, 피드백 구조, 병렬 구조, 계층 구조, 메모리 구조, 어텐션 구조 등이 있다. 인공지능의 모델과 구조는 인공지능의 핵심 요소로서, 인공지능의 목적과 기능에 따라 적절하게 선택하고 조합해야 한다.

성능과 평가

인공지능의 성능이란 인공지능의 목적과 기능을 얼마나 잘 수행하는지를 측정하는 것이다. 인공지능의 성능은 다양한 지표와 방법으로 평가할 수 있다. 예를 들어 정확도, 정밀도, 재현율, F1-점수, ROC 곡선, AUC 등이 있다. 이들은 인공지능의 출력 데이터가 실제 데이터와 얼마나 일치하는지를 나타낸다.

인공지능의 평가란 인공지능의 성능을 비교하고 분석하는 것이다. 인공지능의 평가는 다양한 목적과 기준으로 수행할 수 있다. 예를 들어, 인공지능의 평가는 다음과 같은 것들을 알아볼 수 있다.

인공지능의 강점과 약점

인공지능은 특정한 작업이나 분야에서 뛰어난 성능을 보이거나, 반대로 부족한 성능을 보일 수 있다. 이를 통해 인공지능의 강점과 약점을 파악하고, 개선할 방향을 찾을 수 있다.

인공지능의 상대적인 위치

인공지능은 다른 인공지능이나 인간과 비교하여 상대적인 위치를 파악할 수 있다. 이를 통해 인공지능의 우위와 역위를 알아보고, 협력하거나 경쟁할 수 있다.

인공지능의 발전 정도

인공지능은 시간이나 데이터에 따라 발전하거나 변화할 수 있다. 이를 통해 인공지능의 발전 정도를 측정하고, 예측하거나 조절할 수 있다.

인공지능의 성능과 평가는 인공지능의 핵심 요소로서, 인공지능의 목적과 기능에 따라 적절하게 선택하고 적용해야 한다. 이러한 인공지능의 성능을 높이기 위한 방법은 다음과 같다.

데이터의 양과 질을 높이기

데이터는 인공지능의 학습과 발전에 필수적인 요소다. 데이터가 많고 다양하고 정확하고 품질이 좋다면 인공지능은 더 좋은 성능을 보일 수 있다. 따라서, 데이터를 적절하게 수집 · 전처리 · 분석하고 관리하는 것이 중요하다.

모델의 구조와 알고리즘을 개선하기

모델은 인공지능의 핵심 요소다. 모델의 구조와 알고리즘은 인공지능의 성능과 효율성에 영향을 미친다. 따라서, 모델의 구조와 알고리즘을 적절하게 설계하고 최적화하고 개선하는 것이 중요하다.

모델의 성능과 평가를 모니터링 하기

모델은 시간이나 데이터에 따라 변화하거나 저하될 수 있다. 따라서, 모델의 성능과 평가를 지속적으로 모니터링 · 분석하고 개선하는 것이 중요하다.

인공지능의 발전과 현재 상황

인공지능의 주요 연구 동향과 성과

인공지능은 지난 몇 년 동안 놀라운 발전을 이루었다. 특히, 딥러닝이라는 신경망의 발전된 형태가 인공지능의 핵심 기술로 자리 잡았다. 딥러닝은 다층 신경망을 사용하여 복잡하고 다양한 데이터를 학습할 수 있으며, 컴퓨터 하드웨어와 소프트웨어의 발전, 빅데이터의 축적, 새로운 알고리즘과 모델의 제안 등에 의해 가능해졌다. 딥러닝은 영상 인식, 자연어 처리, 바둑 등의 분야에서 놀라운 성과를 달성했다.

인공지능의 주요 연구 동향은 다음과 같다.

인공지능은 인간의 지능을 모방하거나 대체하는 것이 아니라 인간의 지능을 보완하거나 확장하는 것이 목표다. 따라서, 인공지능은 인간과 협력하고 소통하며, 인간의 의사결정과 창의력을 돕는 방식으로 연구되고 있다. 예를 들어, 구글의 '코파일럿(Copilot)'은 인공지능이 프로그래밍을 돕는 시스템이다. 코파일럿은 프로그래머가 작성한 코드를 분석하고, 적절한 코드 조각이나 예제를 제안하거나, 오류를 수정하거나, 테스트를 수행하는 등의 역할을 한다.

인공지능은 사회와 산업에 많은 영향을 미치고 있으므로, 인공지능의 신뢰성과 투명성은 매우 중요한 이슈다. 따라서, 인공지능은 그 기준과 과정을 명확하게 설명하고, 그 결과와 영향을 예측하고, 그 책임과 윤리를 준수하는 방식으로 연구되고 있다. 예를 들어, 마이크로소프트는 인공지능에 대한 윤리적 원칙을 제시하고, 이를 준수하기 위한 도구와 가이드라인을 제공한다. 마이크로소프트는 인공지능의 공정성, 신뢰성, 안전성, 개인정보 보호, 인권존중 등을 중요한 가치로 강조한다.

인공지능은 단순히 데이터를 분석하거나 패턴을 인식하는 것이 아니라 새로운 아이디어나 작품을 창조하는 것도 가능하다. 따라서, 인공지능은 음악, 미술, 문학 등의 예술적 영역에서도 활용되고 있다. 예를 들어, 오픈AI의 '저크'는 텍스트를 기반으로 이미지를 생성하는 인공지능 모델이다. 저크는 사용자가 입력한 텍스트에 따라 다양한 이미지를 생성할 수 있으며, 그 과정에서 새로운 상상력을 발휘한다. 인공지능은 지속적으로 발전하고 있으며, 앞으로도 더 많은 가능성과 도전을 제시할 것이다.

도전과제와 한계

인공지능은 많은 발전을 이루었지만, 아직도 해결해야 할 도전과제와 한계가 있다. 인공지능의 도전과제와 한계는 다음과 같다.

첫째, 복잡하고 다양한 데이터를 학습하고, 판단하고, 예측하는 과정에서 그 기준과 로직을 명확하게 드러내지 않는 경우가 많다. 이는 인공지능의 신뢰성과 책임성을 저하시키고, 인간의 이해와 감독을 어렵게 만든다. 예를 들어, 인공지능이 의료 진단이나 신용 평가와 같은 중요한 결정을 내릴 때, 그 근거와 과정을 설명할 수 없다면 인간은 그 결과를 수용하거나 신뢰하기 어렵다. 인공지능은 인간의 일상과 업무에 많은 편리함과 효율성을 제공하지만 동시에 인간의 과의존성을 유발할 수 있다. 이는 인간의 자기 주도적인 학습과 창의력을 저하시키고, 인공지능의 오류나 장애에 취약하게 만든다. 예를 들어, 인공지능이 운전을 대신 해주는 자율주행 차량을 사용할 때, 운전자는 운전 능력이 떨어지거나 인공지능이 잘못된 판단을 할 경우에 대비할 수 없다.

둘째, 학습하는 데이터에 따라 그 성능과 품질이 달라진다. 만약 데이터가 편향되거나 불완전하다면, 인공지능은 편향되거나 차별적인 결과를 내놓을 수 있다. 이는 인공지능이 사회적인 가치와 윤리를 해치고,

인간의 권리와 평등을 침해할 수 있다. 예를 들어, 인공지능이 얼굴 인식이나 재판 판결과 같은 분야에서 사용될 때, 특정한 성별이나 인종에 대해 부정적인 태도나 평가를 보일 수 있다.

셋째, 외부의 공격이나 조작에 취약할 수 있다. 만약 공격자가 인공지능의 입력 데이터나 알고리즘을 변형하거나 손상시킨다면, 인공지능은 잘못된 결과나 행동을 보일 수 있다. 이는 인공지능이 안전하고 신뢰할 수 있는 기술로서 사용될 수 없게 만든다. 예를 들어, 공격자가 자율주행 차량의 카메라나 센서에 가짜 이미지나 신호를 보내서 사고를 유발할 수 있다.

미래 전망과 가능성

인공지능은 현재와 미래에 걸쳐 인간의 삶과 사회에 많은 변화와 영향을 미칠 것이다. 인공지능의 미래 전망과 가능성은 다음과 같다.

인공지능과 인간의 융합

인공지능은 인간의 뇌와 몸을 보완하거나 향상시키는 기술로서 연구되고 있다. 예를 들어, 뉴럴링크(Neuralink)는 인간의 뇌에 칩을 삽입하여 인공지능과 직접적으로 연결하고, 인간의 지능과 기억력, 의사소통력 등을 개선하는 기술을 개발하고 있다. 또한, 인공지능은 인간의 장기나 신체 부위를 대체하거나 보조하는 기술로서 활용될 수 있다. 예를 들어, 오픈 바이오닉스(Open Bionics)는 인공지능이 탑재된 보철이나 장갑을 제작하여 사람들의 움직임이나 감각을 복원하거나 강화하는 기술을 제공한다.

인공지능과 사회의 혁신

인공지능은 사회의 다양한 문제를 해결하고, 새로운 가치와 서비스를 창출하는 기술로서 활용될 수 있다. 예를 들어, 유니세프는 인공지능을 활용하여 아동들의 교육, 건강, 보호 등에 관한 데이터를 수집하고 분석하며, 아동들의 권리와 복지를 증진하는 프로젝트를 진행하고 있다. 또한, 인공지능은 사회적인 상호작용이나 협력을 가능하게 하는 기술로서 사용될 수 있다. 예를 들어, 페이스북은 인공지능을 활용하여 가상현실이나 증강현실과 같은 새로운 소셜미디어 플랫폼을 개발하고 있다.

인공지능과 자연의 조화

인공지능은 자연과 환경을 보호하고, 지구와 우주를 탐사하는 기술로서 사용될 수 있다. 예를 들어, 구글은 인공지능을 활용하여 기후 변화와 관련된 데이터를 모니터링 하고 예측하며, 탄소 배출량을 줄이고 재생에너지를 확대하는 솔루션을 제공한다. 또한, 인공지능은 자연과 동물의 특성이나 행동을 모방하거나 학습하는 기술로서 연구될 수 있다. 예를 들어, 나사(NASA)는 인공지능이 탑재된 로봇 벌들을 개발하여 우주정거장이나 행성에서의 탐사와 연구를 돕는 계획을 세우고 있다.

인공지능은 무한한 가능성과 잠재력을 가진 기술로서, 앞으로도 더 많은 발전과 혁신을 이룰 것이다.

블록체인과 인공지능의 융합이 가져올 변화와 중요성

블록체인과 인공지능(AI)은 현재 가장 뛰어나고 영향력 있는 기술들이다. 이 기술들은 데이터의 질과 이용성, 인공지능의 명확성과 책임감, 블록체인의 안전성과 신뢰도 등을 개선할 수 있다. 더불어 이 기술들은 서로 협력하여 다양한 산업에 혁신을 가져오고, 기업과 개인, 사회에 새로운 이익과 가능성을 제공할 수 있다. 그러므로 블록체인과 인공지능의 융합은 우리 시대의 중요한 원동력이 될 것으로 보인다.

블록체인과 AI의 융합은 다음과 같은 변화를 가져올 수 있다. 데이터의 질과 이용성 개선, 인공지능의 명확성과 책임성 강화, 블록체인과 인공지능이 서로 협력하는 효과, 신뢰도 향상, 개인정보 보호와 데이터 소유권 확보, 공정하고 명확한 시스템 구축, 사회적 문제 해결 등이다.

블록체인과 AI의 융합은 다양한 산업에 혁신을 가져올 잠재력이 있다. 또한, 블록체인과 AI를 이용하여 새로운 비즈니스 모델을 만들고 사회적 문제를 해결할 수 있다. 블록체인과 AI의 융합은 우리 사회와 경제가 작동하는 방식을 근본적으로 바꿀 수 있는 잠재력을 가지고 있다. 이러한 두 가지 기술의 결합은 새로운 가능성과 도전을 동시에 가져올 것으로 보이며, 우리는 이러한 변화에 대비하여 준비해야 할 것이다.

데이터의 품질, 접근성, 공유 및 거래

블록체인과 인공지능의 융합은 데이터의 가치와 활용도를 높일 수 있다. 블록체인은 데이터의 출처, 경로, 변경 이력 등을 기록하고 검증하여 데이터의 타당성을 보장한다. 또한, 블록체인은 데이터를 탈중앙화된 네트워크에 공유하므로 데이터의 접근성을 높인다. 이렇게 블록체인이 제공하는 데이터는 인공지능이 보다 정확하고 신뢰할 수 있는 분석 결과를 도출하는 데 도움이 된다. 또한, 블록체인은 데이터의 소유권과 권한을 투명하게 관리할 수 있고, 인공지능 모델 개발자와 데이터 소유자 간의 공정한 보상 및 거래가 이루어질 수 있다. 이는 데이터 마켓플레이스(Marketplace)를 구축하고 데이터 거래가 효율적으로 이루어질 수 있는 경제 생태계를 형성하는 데 도움을 줄 수 있다. 예를 들어, 오션 프로토콜(Ocean Protocol)은 블록체인과 인공지능을 활용하여 데이터의 거래와 공유를 가능하게 하는 플랫폼을 제공한다. 사용자는 자신의 데이터를 오션(Ocean) 네트워크에 공개하고, 다른 사용자가 이를 활용하여 AI 모델을 훈련시킬 수 있다. 이에 데이터를 제공한 사용자는 암호화폐로 보상을 받게 된다. 이러한 방식이 성공적으로 채택된다면 구글과 같은 기업들에게도 위협이 될 수 있다. 구글은 사용자 데이터를 무료로 활용하고 있다는 지적을 받고 있는데, 사용자 데이터는 상당한 가치를 지니고 있다. 오션 네트워크를 통해 기업가 정신이 강한 개인들이 구글보다 더 나은 AI 모델을 만들 수 있는 가능성이 제시된다.

인공지능의 책임성과 투명성

인공지능은 복잡한 알고리즘과 모델을 사용하여 결정을 내리기 때문에 그 과정이 블랙박스처럼 비공개되거나 이해하기 어려울 수 있다. 이는 인공지능의 편향, 오류, 부작용 등을 야기할 수 있다. 이러한 문제를 해결하기 위해 블록체인과 인공지능의 융합이 제안되고 있다. 블록체인은 인공지능의 학습 데이터, 알고리즘, 모델, 결과 등을 기록하고 공개하여 인공지능의 투명성을 제공한다. 또한, 블록체인은 인공지능의 행위와 결과에 대한 책임을 추적하고 검증할 수 있는 메커니즘을 제공한다. 예를 들어, 싱귤래리티넷(SingularityNET)은 블록체인과 인공지능을 활용하여 탈중앙화된 인공지능 네트워크를 구축하고 있다. 이 네트워크는 다양한 인공지능 에이전트들이 서로 협력하고 거래하며, 그 과정과 결과가 블록체인에 기록되어 인공지능의 행위와 결과에 대한 증거와 책임을 제공한다.

블록체인과 인공지능의 상호보완적 효과

블록체인과 인공지능은 서로의 장점을 증대시키고 한계를 보완할 수 있다. 첫째, 블록체인은 데이터의 안정성과 무결성을 보장하고, 인공지능은 데이터의 압축과 최적화를 수행한다. 둘째, 블록체인은 인공지능의 투명성과 책임성을 제공하고, 인공지능은 블록체인의 효율성과 확장성을 개선한다. 셋째, 블록체인은 인공지능 모델의 학습 데이터와 결과를 안전하게 저장하고 검증할 수 있다. 넷째, 인공지능은 블록체인상에서 실행되는 다양한 애플리케이션을 가능하게 한다. 이러한 융합은 기업과 사회의 다양한 분야에서 혁신을 가져올 수 있으며, 거대 IT 기업들의 독점을 깨고, 데이터 소유자와 인공지능 모델의 이익을 균형 있게 분배할 수 있다.

이러한 융합의 사례로는 페치.ai(Fetch.ai)가 있다. 페치.ai는 블록체인과 인공지능을 활용하여 스마트 컨트랙트와 인공지능 에이전트를 결합한 자율 경제 에이전트를 제공한다. 이 에이전트는 블록체인을 통해 데이터와 서비스를 거래하고, 인공지능을 통해 최적의 결정을 내리고, 블록체인과 인공지능의 상호작용을 통해 학습하고 발전한다. 이는 다양한 분야에서 적응적이고 지능적인 솔루션을 제공할 수 있다. 페치.ai는 교통, 에너지, 공급망 등에서 자율 경제 에이전트를 활용하여 효율성과 지속가능성을 증진시킬 수 있다.

이와 같이 블록체인과 인공지능의 융합기술은 화폐와 금융, 자산관리, 부동산, 의료, 에너지, 유통 등 다양한 분야에서 혁신적인 변화를 가져올 수 있다.

화폐와 금융

블록체인은 화폐의 발행, 유통, 거래 등을 안전하고 투명하게 수행하고, 금융기관과 정부의 개입을 줄이고, 화폐 시스템의 탈중앙화와 민주화를 가능하게 한다. 인공지능은 화폐의 가치, 수요, 공급 등을 예측·최적화·관리하고, 금융 데이터를 분석하고 추천하고 예약하고, 금융 서비스의 효율성과 안전성을 높인다. 이러한 융합의 사례로는 블록체인 기반의 디지털 화폐뿐만 아니라 다양한 금융 서비스가 있다. 예를 들면 다음과 같다.

송금 서비스

블록체인과 인공지능을 활용하여 국내외 송금을 신속하고 저렴하고 안전하게 수행할 수 있다. 블록체인은 중개자의 필요성을 제거하고, 거래의 투명성과 신뢰성을 보장하고, 거래 비용과 시간을 줄일 수 있다. 인공지능은 송금 수수료와 환율을 최적화하고, 송금자와 수취인의 신원을 검증하고, 사기와 위험을 감지할 수 있다. 이러한 서비스의 사례로는 에버엑스(Everex), 트랜스퍼와이즈(TransferWise) 등이 있다.

대출 서비스

블록체인과 인공지능을 활용하여 대출 신청과 승인을 효율적이고 공정하게 처리할 수 있다. 블록체인은 대출자의 신용 정보와 거래 기록을 안전하게 저장하고, 대출 업체와 공유할 수 있다. 인공지능은 대출자의 신용 점수와 대출 가능성을 평가하고, 대출 상품과 금리를 추천하고, 대출 상환 여부를 예측할 수 있다.

자산관리 서비스

블록체인과 인공지능을 활용하여 자산 관리를 지능적이고 효과적으로 수행할 수 있다. 블록체인은 자산 거래의 안전성과 투명성을 보장하고, 자산 소유권과 이력을 명확하게 기록하고, 스마트 컨트랙트를 통해 자동화된 계약을 체결할 수 있다. 인공지능은 자산 데이터를 분석하고, 자산 포트폴리오를 구성하고, 자산 성과를 평가하고, 자산 조정 및 재분배를 권장할 수 있다. 이러한 서비스의 사례로는 블랙록(BlackRock), 뉴머라이(Numerai), 웰스프런트(Wealthfront) 등이 있다.

부동산

블록체인과 인공지능은 부동산 분야에 혁신적인 변화를 가져올 수 있다. 블록체인은 부동산의 등기, 매매, 임대 등을 안전하고 투명하게 기록 · 관리하고, 부동산의 소유권과 이력을 명확하게 확인하고, 부동산의 분할과 공유를 용이하게 한다. 인공지능은 부동산의 가격, 수요, 공급 등을 예측 · 최적화 · 관리하고, 부동산의 품질과 신뢰도를 평가하고, 부동산의 활용과 가치를 증대시킨다. 이러한 기술들은 부동산 분야의 효율성과 혁신성을 높이고, 새로운 부동산 구조와 서비스를 가능하게 한다.

이러한 기술들의 활용 사례로는 다음과 같은 분야들이 있다.

부동산 매매 서비스

블록체인은 부동산 매매 계약을 스마트 컨트랙트로 자동화하고, 매매 비용과 시간을 줄이고, 매매 거래의 투명성과 신뢰성을 보장한다. 인공지능은 부동산 매매 가격을 적정하게 책정하고, 매수자와 매도자에게 맞춤형 추천을 제공하고, 부동산 시장의 동향을 분석하고 예측할 수 있다. 이러한 서비스의 사례로는 프로피(Propy), 셸터줌(ShelterZoom), 렉스(Rex) 등이 있다.

부동산 임대 서비스

인공지능은 부동산 임대료를 적정하게 책정하고, 임차인과 임대인에게 맞춤형 추천을 제공하고, 임대된 부동산의 피드백을 수집하고 분석할 수 있다. 이러한 서비스의 사례로는 렌트베리(Rentberry), 매니지고(ManageGo), 젠플레이스(Zenplace) 등이 있다.

부동산 토큰화 서비스

토큰화란 부동산을 블록체인상의 디지털 자산으로 변환하는 과정이다. 블록체인은 부동산 토큰을 안전하고 투명하게 발행 · 관리하고, 토큰의 소유권과 이동을 명확하게 기록하고, 토큰의 분할과 공유를 용이하게 한다. 인공지능은 부동산 토큰의 가격을 적정하게 책정하

지털 광고 플랫폼을 제공하는 스타트업이다. 이 스타트업은 광고주와 매체사가 광고 콘텐츠를 안전하고 투명하게 거래하고, 인공지능을 통해 광고 콘텐츠를 최적화하고, 광고 성과를 평가하고, 광고 수익을 공정하게 분배한다. 이러한 융합은 미디어 서비스의 효율성, 품질, 창의성을 높이고, 새로운 가치와 서비스를 창출할 수 있는 가능성을 가지고 있다.

환경

블록체인은 환경 데이터의 수집, 저장, 공유, 검증 등을 안전하고 투명하게 관리하고, 환경 보호와 관련된 행동과 결과에 대한 보상을 지급할 수 있다. 이를 통해 환경 데이터의 신뢰성과 가용성을 제공하고, 환경 보호에 대한 인식과 참여를 촉진할 수 있다. 인공지능은 환경 데이터를 분석하고 예측하고 해결할 수 있다. 이를 통해 환경 문제의 원인과 영향을 파악하고, 적절한 대응책과 예방책을 제시하고, 환경 문제의 해결에 기여할 수 있다. 또한, 인공지능은 스마트 시티나 스마트 팜 등과 결합하여 에너지 효율성과 자원 관리를 개선할 수 있다. 예를 들어, 플라스틱 뱅크(Plastic Bank)는 블록체인과 인공지능을 활용하여 플라스틱 폐기물을 재활용하는 플랫폼을 제공하는 스타트업이다. 이 스타트업은 플라스틱 폐기물을 수거하고 분류하고 재활용하는 사람들에게 블록체인 기반의 디지털 토큰을 지급하고, 인공지능을 통해 플라스틱 폐기물의 양과 가치를 측정하고, 플라스틱 오염과 빈곤 문제를 해결한다. 이러한 융합은 환경 서비스의 효율성, 안전성, 지속가능성을 높이고, 새로운 가치와 서비스를 창출할 수 있는 가능성을 가지고 있다.

여행

블록체인은 여행자의 여행 데이터와 여행 증명서 등을 안전하고 투명하게 관리하고, 여행 업체와 공유할 수 있다. 이를 통해 여행자의 여행 경험과 신뢰도를 높일 수 있다. 인공지능은 여행 데이터를 분석하고 추천하고 예약할 수 있다. 이를 통해 여행자의 여행 목적과 선호에 맞는 맞춤형 여행 상품과 서비스를 제공할 수 있다. 또한, 인공지능은 음성, 영상, 텍스트 등 다양한 형태의 콘텐츠를 생성하고 변환하고 결합할 수 있으며, 이는 여행자에게 새로운 정보와 편의를 제공할 수 있다. 예를 들어, 와인딩 트리(Winding Tree)는 블록체인과 인공지능을 활용하여 여행 예약 플랫폼을 제공하는 스타트업이다. 이 스타트업은 여행자와 항공사, 호텔, 여행사 등이 직접 거래하고, 인공지능을 통해 여행자에게 최적의 여행 상품과 서비스를 제공한다. 이러한 융합은 여행 서비스의 효율성, 안전성, 개인화를 높이고, 새로운 가치와 서비스를 창출할 수 있는 가능성을 가지고 있다.

예술과 문화

블록체인은 예술과 문화 작품의 발행, 유통, 거래, 소유 등을 안전하고 투명하게 기록 · 관리하고, 예술과 문화 작품의 고유성과 가치를 보장하고, 예술과 문화 작품의 다양성과 유동성을 증대시킨다. 인공지능은 예술과 문화 작품의 가격, 수요, 공급 등을 예측 · 최적화 · 관리하고, 예술과 문화 작품의 품질과 신뢰도를 평가하고, 예술과 문화 작품의 활용과 가치를 증대시킨다. 이러한 기술들은 예술과 문화 분야의 효율성과 혁신성을 높이고, 새로운 예술 형식과 서비스를 가능하게 한다. 이러한 기술들의 활용 사례로는 다음과 같은 분야들이 있다.

예술과 문화 작품 매매 서비스

블록체인은 예술과 문화 작품의 출처, 소유권, 인증서 등을 안전하고 투명하게 기록 · 관리하고, 예술가와 구매자 사이의 계약을 스마트 컨트랙트로 자동화하고, 예술과 문화 작품의 거래 비용과 시간을 줄일 수 있다. 인공지능은 예술과 문화 작품의 가격을 적정하게 책정하고, 구매자에게 맞춤형 추천을 제공하고, 예술 시장의 동향을 분석하고 예측할 수 있다. 이러한 서비스의 사례로는 아토리(Artory), 코덱스 프로토콜(Codex Protocol), 아트파인더(Artfinder) 등이 있다.

예술과 문화 작품 임대 서비스

블록체인은 예술과 문화 작품의 임대 기간, 조건, 비용 등을 스마트 컨트랙트로 자동화하고, 임대자와 대여자 사이의 신뢰를 보장하고, 임대된 작품의 위치와 상태를 실시간으로 추적할 수 있다. 인공지능은 임대자에게 적절한 대여료를 제시하고, 대여자에게 적합한 작품을 추천하고, 임대된 작품의 피드백을 수집하고 분석할 수 있다. 이러한 서비스의 사례로는 아트스퀘어.io(ArtSquare.io), 아트비앤비(ArtBnB), 아트 인 레스(Art in Res) 등이 있다.

예술과 문화 작품 토큰화 서비스

토큰화란 예술과 문화 작품을 블록체인상의 디지털 자산으로 변환하는 과정이다. 블록체인은 예술과 문화 작품의 토큰을 안전하고 투명하게 발행 · 관리하고, 토큰의 소유권과 이동을 명확하게 기록하고, 토큰의 분할과 공유를 용이하게 한다. 인공지능은 예술과 문화 작품의 토큰의 가격을 적정하게 책정하고, 토큰에 대한 수요와 공급을 예측 · 최적화하고, 토큰의 품질과 신뢰도를 평가할 수 있다. 이러한 서비스의 사례로는 마에케나스(Maecenas), 큐리오인베스트(CurioInvest), 에이싱크 아트(Async Art) 등이 있다.

예술과 문화 작품 데이터 서비스

블록체인은 예술과 문화 작품의 데이터를 안전하고 투명하게 저장 · 공유하고, 데이터의 소유권과 접근권을 명확하게 정의하고, 데이터의 가치와 보상을 스마트 컨트랙트로 자동화한다. 인공지능은 예술과 문화 작품의 데이터를 분석 · 시각화하고, 데이터로부터 새로운 지식과 인사이트를 추출하고, 데이터를 활용하여 새로운 서비스와 가치를 창출할 수 있다. 이러한 서비스의 사례로는 오션 프로토콜, 아트놈(Artnome),

아트렌덱스(Artrendex) 등이 있다.

예술과 문화 작품 생성 서비스

블록체인은 예술가와 구매자 사이의 협업을 가능하게 하고, 이들의 권리와 의무를 스마트 컨트랙트로 자동화하고, 생성된 작품의 출처와 소유권을 안전하고 투명하게 기록한다. 인공지능은 예술가와 구매자의 요구와 성향을 파악하고, 이들에게 적합한 작품 스타일과 내용을 추천하고, 창작 과정을 도와주고, 생성된 작품의 품질과 가치를 평가할 수 있다. 이러한 서비스의 사례로는 아트 AI 갤러리(Art AI Gallery), 오비어스 아트(Obvious Art), 다다.nyc(Dada.nyc) 등이 있다.

보험

블록체인은 보험 계약의 체결과 이행, 보험 사고의 신고와 처리, 보험 보상의 지급과 관리 등을 안전하고 투명하게 기록 · 관리하고, 보험 계약의 신뢰성과 효율성을 높인다. 인공지능은 보험 가입자의 요구와 성향을 파악하고, 보험 상품과 금액을 추천하고, 보험 사고의 위험과 정도를 평가하고, 보험 서비스의 개선과 혁신을 제안한다. 이러한 융합은 보험 서비스의 질과 만족도, 보험 혁신과 공익, 보험 접근성과 삶의 질 등을 개선할 수 있으며, 새로운 가치와 서비스를 창출할 수 있는 가능성을 가지고 있다. 이러한 융합의 사례로는 다음과 같은 분야들이 있다.

자동차보험 서비스

블록체인은 자동차 보험 계약을 스마트 컨트랙트로 자동화하고, 자동차 사고의 신고와 처리를 신속하고 정확하게 수행하고, 자동차 보상의 지급과 관리를 간소화한다. 인공지능은 자동차 가입자의 운전 행태와 사고 위험을 분석하고, 자동차 보험료를 적정하게 책정하고, 자동차 사고의 정도와 책임을 평가할 수 있다. 이러한 서비스의 사례로는 피지(Fizzy), 카스코2고(Kasko2go), 루트 인서런스(Root Insurance) 등이 있다.

생명보험 서비스

블록체인은 생명보험 계약의 체결과 이행을 안전하고 투명하게 기록 · 관리하고, 생명보험 가입자의 건강 데이터와 사망 여부를 신뢰할 수 있는 출처로부터 검증하고 공유한다. 인공지능은 생명보험 가입자의 건강 상태와 수명 예측을 분석하고, 생명보험료를 적정하게 책정하고, 생명보험 상품과 금액을 추천할 수 있다. 이러한 서비스의 사례로는 루먼랩(LumenLab), 휴먼 API(Human API), 이아페투스 솔루션스(Lapetus Solutions) 등이 있다.

재산보험 서비스

블록체인은 재산보험 계약의 체결과 이행을 안전하고 투명하게 기록 · 관리하고, 재산 사고의 신고와 처리를 신속하고 정확하게 수행하고, 재산 보상의 지급과 관리를 간소화한다. 인공지능은 재산 가입자의 재산 상태와 사고 위험을 분석하고, 재산보험료를 적정하게 책정하고, 재산 사고의 정도와 책임을 평가할 수 있다. 이러한 서비스의 사례로는 레몬에이드(Lemonade), 이더리스크(Etherisc), 위슈어(WeSure) 등이 있다.

인터넷

인터넷은 웹(Web)이라는 기술을 통해 정보와 서비스를 제공하는 플랫폼이다. 웹은 시대에 따라 변화하고 발전해왔다. 웹 1.0은 단방향적인 정보 제공을 통해 인터넷의 보급을 촉진했고, 웹 2.0은 양방향적인 정보 공유를 통해 인터넷의 활성화를 이끌었다. 현재 우리는 웹 3.0이라는 새로운 단계로 진입하고 있다. 웹 3.0은 가치의 인터넷이라고 불리며, 블록체인과 인공지능이라는 핵심 기술을 통해 데이터에서 가치를 창출하고 교환하는 방식을 제공한다. 웹 3.0에서 블록체인과 인공지능은 다음과 같은 역할을 한다.

블록체인은 인터넷의 기반 인프라로서 데이터의 저장과 전송을 안전하고 투명하게 관리하고, 인터넷의 탈중앙화와 민주화를 가능하게 한다. 또한 블록체인은 NFT, 스마트 계약, DApp 등의 혁신기술을 가능하게 하는 프로토콜로서, 개인이 자신의 디지털 자산이나 창작물을 거래하거나 공유하고, 새로운 비즈니스 모델을 창출할 수 있는 플랫폼을 제공한다. 인공지능은 인터넷의 응용 서비스로서 데이터의 압축, 최적화, 필터링 등을 수행하고, 인터넷의 효율성과 확장성을 개선할 수 있다. 또한 블록체인의 프로토콜을 최적화하거나, 블록체인의 네트워크를 분석하거나, 블록체인의 서비스를 지원하는 기술로서, 블록체인의 성능과 효율성을 향상시키고, 다양한 문제를 해결할 수 있는 능력을 갖춘다. 블록체인과 인공지능의 융합은 새로운 인터넷, 웹 3.0에서 개인이 데이터의 주체가 되고, 데이터의 가치를 활용할 수 있는 환경을 구축한다. 또한, 스스로 진화하는 블록체인 인공지능 플랫폼이 탄생할 수도 있다. 하지만, 아직도 기술적이나 사회적인 도전 과제가 남아 있다. 예를 들어, 블록체인과 인공지능의 호환성이나 표준화, 규제나 윤리 등의 이슈가 있다. 이러한 도전 과제를 극복하고, 블록체인과 인공지능의 융합을 적극적으로 지원하고 활용하면 새로운 인터넷, 웹 3.0에서 혁신적인 변화를 가져올 수 있을 것이다.

물류와 공급망

블록체인과 인공지능은 데이터의 저장과 전송, 활용과 가공에 있어서 혁신적인 기술이다. 이 두 기술이 융합되면 유통과 공급망(Supply Chain) 분야에서 다음과 같은 변화를 가져올 수 있다.

데이터의 신뢰성과 투명성을 높이고, 데이터 기반의 의사결정을 지원한다. 블록체인과 인공지능의 융합은 유통과 공급망 분야에서 데이터의 신뢰성과 투명성을 높이고, 데이터 기반의 의사결정을 지원한다. 예를 들어, 삼성SDS는 자사 물류 플랫폼인 '첼로(Cello)'에 인공지능과 블록체인을 연계해 스마트 물류사업을 확대하고 있다. 첼로 플러스는 빅데이터, IoT, 인공지능, 블록체인을 내재화하여 공급망 내 실시간 가시성을 제공하고 안전한 거래기록으로 신뢰도를 높이고 물류 데이터에서 인사이트를 도출하는 솔루션이다. 예를 들어, '비체인(VeChain)'은 공급망 관리에 특화된 블록체인 플랫폼이다. 비체인은 상품 이동을 기록하고 추적하는 탈중앙화 플랫폼을 제공해서 공급망 운영의 효율성과 투명성을 개선하는 것을 목표로 한다. 비체인은 스마트 컨트랙트 및 데이터 분석 기능을 활성화하도록 설계되었다.

비용과 시간을 절감하고 효율성을 향상시킨다. 블록체인은 스마트 계약이라는 자동화된 계약 시스템을 제공하는 프로토콜이다. 이는 계약 당사자들 간의 합의와 이행을 보장하고, 계약 관련 문서나 절차를 간소화하고, 중개자나 제3자의 개입을 줄일 수 있다. 인공지능은 블록체인의 프로토콜을 최적화하거나, 네트워크를 분석하거나, 서비스를 지원하는 기술이다. 이는 블록체인의 성능과 효율성을 향상시키고, 다양한 문제를 해결할 수 있는 능력을 갖춘다. 블록체인과 인공지능의 융합은 유통과 공급망 분야에서 비용과 시간을 절감하고 효율성을 향상시킨다. 예를 들어, IBM은 '트레이드렌즈(TradeLens)'라는 블록체인 기반의 디지털 무역 플랫폼을 개발했다. 트레이드렌즈는 선박회사, 항만운영자, 세관, 화물주 등 무역 관련 이해관계자들이 실시간으로 물류 데이터를 공유하고 협력할 수 있게 한다. 트레이드렌즈는 무역 문서의 85%를 디지털화하고, 무역 절차의 40%를 간소화하고, 화물 운송 시간을 40% 단축시킬 수 있다고 주장한다.

보안

블록체인과 인공지능은 데이터의 보호와 검증, 보안 위협의 탐지와 대응에 있어서 혁신적인 기술이다. 이 두 기술이 융합되면, 보안 분야에서 다음과 같은 변화를 가져올 수 있다.

첫째, 데이터의 보호와 검증을 강화한다. 인공지능은 블록체인의 데이터를 활용하여 더 정확하고 효율적인 결정을 내릴 수 있다. 예를 들어, 인공지능은 블록체인의 거래 데이터를 분석하여 사용자의 행동 패턴을 파악하고, 이상 거래나 사기 거래를 탐지하고, 최적의 거래 시점이나 금액을 추천할 수 있다.

둘째, 보안 위협의 탐지와 대응을 개선한다. 블록체인은 보안 위협에 대한 저항력이 높은 기술이다. 하지만 완전히 안전한 것은 아니며, 가용성 저하 공격, 분산 서비스 거부 공격, 비정상 거래, 불법 거래, 51% 공격 등 다양한 보안 위협이 존재한다. 인공지능은 블록체인 네트워크에서 발생하는 보안 위협의 패턴을 학습하고, 실시간으로 탐지하고, 적절한 대응 방법을 제시하는 기술이다. 예를 들어, 인공지능은 블록체인 네트워크에서 수집한 데이터를 통해 네트워크 상태를 모니터링 하고, 비정상적인 트래픽이나 거래를 감지하고, 공격자의 IP 주소나 계정을 차단하거나 경고하는 등의 조치를 취할 수 있다. 이렇게 블록체인과 인공지능은 보안 분야에서 상호 보완적인 역할을 하며, 보다 안전하고 지능적인 서비스를 제공할 수 있다.

신원인증과 진위 확인

블록체인과 인공지능은 신원인증과 진위 확인에 있어서 효율성과 안전성, 프라이버시를 향상시키는 기술이다. 이 두 기술이 융합되면 신원인증과 진위 확인 분야에서 다음과 같은 변화를 가져올 수 있다.

분산신원증명(Decentralized Identity, DID)을 활용한다. DID는 블록체인을 통해 분산된 시스템을 구축함으로써 특정 기업에 종속되지 않고, 사용자가 자신의 정보를 관리할 수 있는 환경을 제공하는 기술이다. DID는 사용자가 서비스 제공 기업에 필요한 정보만 선택적으로 제공할 수 있어, 데이터 주권을 강화할 수 있다. 또한, 블록체인의 특징인 위 · 변조를 검증할 수 있다는 점은 신원확인 서비스로의 활용 가능성을 높인다. 예를 들어, DID를 통해 온라인에서도 신분증을 대체할 수 있으며, 공공기관이나 의료기관 등에서도 DID를 활용하여 신원확인 및 서비스 이용이 가능하다.

인공지능을 통해 신원 및 진위 확인을 강화한다. 인공지능은 블록체인의 데이터를 활용하여 더 정확하고 빠른 신원 및 진위 확인을 수행할 수 있다. 예를 들어, 인공지능은 블록체인의 거래 데이터를 분석하여 사용자의 신뢰도나 위험도를 평가하고, 거래의 진위나 사기 여부를 판단할 수 있다. 또한, 인공지능은 블록체인의 스마트 컨트랙트를 이용하여 신원 및 진위 확인에 필요한 조건이나 규칙을 자동으로 실행하고 검증할 수 있다.

이렇게 블록체인과 인공지능은 신원인증과 진위 확인 분야에서 서로 협력하며, 보다 편리하고 안전하고 개인화된 서비스를 제공할 수 있다.

제조

블록체인과 인공지능 융합기술은 제조 분야에 다양한 변화를 가져올 수 있다. 블록체인은 트랜잭션(Transaction)을 기록하고, 자산을 추적하고, 신뢰를 구축하기 위한 불변 공유 원장이고, 인공지능은 데이터를 분석하고, 학습하고, 의사결정을 지원하는 지능적인 시스템이다. 이 두 기술을 융합하면 제조 공정의 효율성, 투명성, 안전성, 혁신성을 높일 수 있다. 다음은 블록체인과 인공지능 융합기술의 제조 분야 사례다.

스마트계약과 IoT를 활용한 공급망 관리

공급망 관리는 제조업의 핵심 요소다. 공급망 관리는 원자재의 조달부터 최종 제품의 배송까지 다양한 단계와 참여자를 포함한다. 이 과정에서 발생하는 문제점은 비용 증가, 지연, 품질 저하, 사기 등이다. 블록체인과 인공지능 융합기술은 이러한 문제점을 해결할 수 있다. 블록체인은 공급망의 모든 거래와 자산을 신뢰할 수 있는 원장에 기록하고, 스마트 계약을 통해 자동화된 조건부 실행을 가능하게 한다. 인공지능은 공급망의 데이터를 분석하고, 예측하고, 최적화하고, 권장사항을 제공한다. 예를 들어, IBM은 블록체인과 인공지능 기반의 공급망 관리 솔루션을 제공한다. 이 솔루션은 IoT 디바이스와 연결되어 실시간으로 데이터를 수집하고, 블록체인에 기록하고, 인공지능에 의해 분석된다. 이를 통해 공급망의 가시성, 효율성, 안전성을 향상시킬 수 있다.

딥러닝과 3D 프린팅을 활용한 맞춤형 제품 제조

맞춤형 제품 제조는 소비자의 개별적인 요구와 취향에 맞게 제품을 설계하고 생산하는 것이다. 맞춤형 제품 제조는 소비자 만족도와 차별화를 높일 수 있지만, 전통적인 제조 방식으로는 비용과 시간이 많이 든다. 블록체인과 인공지능 융합기술은 맞춤형 제품 제조를 가능하게 한다. 블록체인은 소비자와 제조업체 간의 거래를 안전하고 투명하게 기록하고, 스마트 계약을 통해 제품의 설계와 배송을 자동화한다. 인공지능은 딥러닝과 3D 프린팅을 활용하여 소비자의 요구에 맞는 최적의 제품을 빠르고 저렴하게 제작한다. 예를 들어, 삼성SDS는 블록체인과 인공지능 기반의 맞춤형 제품 제조 플랫폼을 개발했다. 이 플랫폼은 소비자가 원하는 제품의 모양과 색상을 선택하면, 인공지능이 딥러닝을 통해 최적의 설계를 생성하고, 3D 프린팅을 통해 제품을 제작한다. 블록체인은 소비자와 제조업체 간의 거래를 기록하고, 스마트 계약을 통해 제품의 배송과 결제를 자동화한다.

농업

블록체인과 인공지능 융합기술은 농업 분야에도 다양한 변화를 가져올 수 있다. 블록체인은 농산물의 거래와 추적, 품질과 안전성 검증, 신뢰성 있는 정보 공유 등을 위한 불변 공유 원장이고, 인공지능은 농업 데이터를 분석하고, 예측하고, 최적화하고, 권장사항을 제공하는 지능적인 시스템이다. 이 두 기술을 융합하면 농업의 효율성, 투명성, 안전성, 혁신성을 높일 수 있다. 다음은 블록체인과 인공지능 융합기술의 농업 분야 사례다.

농업 기업의 곡물 거래 전자화

곡물 거래는 세계적인 농업 시장의 중요한 부분이다. 곡물 거래는 다양한 국가와 기관, 법률과 규제, 문서와 데이터를 포함한다. 이 과정에서 발생하는 문제점은 비용 증가, 지연, 품질 저하, 사기 등이다. 블록체인과 인공지능 융합기술은 이러한 문제점을 해결할 수 있다. 블록체인은 곡물 거래의 모든 거래와 자산을 신뢰할 수 있는 원장에 기록하고, 스마트 계약을 통해 자동화된 조건부 실행을 가능하게 한다. 인공지능은 곡물 거래의 데이터를 분석하고, 예측하고, 최적화하고, 권장사항을 제공한다. 예를 들어, 세계 4대 농업 기업인 아처 대니얼스 미들랜드(Archer Daniels Midland), 번지(Bunge), 카길(Cargill), 루이 드레이퍼스(Louis Dreyfus)는 블록체인과 인공지능 기반의 곡물 거래 솔루션을 도입했다. 이 솔루션은 종이 계약서나 청구서, 수동 지불에 의존한 시스템을 디지털화하고, 곡물 거래의 효율성, 투명성, 안전성을 향상시킨다.

IoT와 AIoT를 활용한 스마트 팜 구축

스마트 팜은 IoT(Internet of Things) 디바이스와 인공지능 등의 정보통신기술(ICT)을 활용하여 농업 생산과 관리를 지능화하는 것이다. 스마트 팜은 농업의 환경, 자원, 품질, 생산성 등을 최적화할 수 있다. 블록체인과 인공지능 융합기술은 스마트 팜을 구축하는 데 필요한 기반이다. 블록체인은 IoT 디바이스와 연결되어 실시간으로 데이터를 수집하고, 블록체인에 기록하고 공유한다. 인공지능은 AIoT(Artificial Intelligence of Things)를 통해 데이터를 분석하고, 예측하고, 최적화하고, 권장사항을 제공한다. 예를 들어, 한국농수산식품유통공사(aT)는 블록체인과 인공지능 기반의 스마트 팜 플랫폼을 개발했다. 이 플랫폼은 IoT 디바이스와 연결되어 온도, 습도, CO_2, 조도 등의 환경 데이터를 수집하고, 블록체인에 기록하고, 인공지능에 의해 분석된다. 이를 통해 스마트 팜의 환경 조절, 자동 관리, 생산성 향상 등을 지원한다.

교통

블록체인과 인공지능 융합기술은 교통 분야에도 다양한 변화를 가져올 수 있다. 블록체인은 교통 데이터의 거래와 추적, 품질과 안전성 검증, 신뢰성 있는 정보 공유 등을 위한 불변 공유 원장이고, 인공지능은 교통 데이터를 분석하고, 예측하고, 최적화하고, 권장사항을 제공하는 지능적인 시스템이다. 이 두 기술을 융합하면 교통의 효율성, 투명성, 안전성, 혁신성을 높일 수 있다. 다음은 블록체인과 인공지능 융합기술의 교통 분야 사례다.

스마트 계약과 IoT를 활용한 자율주행차 공유 서비스

자율주행차는 운전자의 개입 없이 자동으로 운행되는 차량이다.

자율주행차는 교통사고 감소, 연료 절약, 시간 절약 등의 장점을 가지고 있다. 자율주행차는 공유 서비스로도 활용될 수 있다. 공유 서비스는 차량의 소유자와 사용자가 차량을 공유하는 서비스다. 공유 서비스는 차량의 활용도를 높이고, 비용을 절감하고, 환경을 보호하는 장점을 가지고 있다. 블록체인과 인공지능 융합기술은 자율주행차 공유 서비스를 가능하게 한다. 블록체인은 자율주행차의 운행 데이터와 공유 거래를 신뢰할 수 있는 원장에 기록하고, 스마트 계약을 통해 자동화된 조건부 실행을 가능하게 한다. 인공지능은 자율주행차의 운행 데이터를 분석하고, 예측하고, 최적화하고, 권장사항을 제공한다. 예를 들어, 미국의 스타트업인 IOTA는 블록체인과 인공지능 기반의 자율주행차 공유 서비스를 제공한다. 이 서비스는 IoT 디바이스와 연결되어 실시간으로 데이터를 수집하고, 블록체인에 기록하고, 인공지능에 의해 분석된다. 이를 통해 자율주행차의 운행 최적화, 공유 거래 자동화, 보안 및 투명성 보장 등을 지원한다.

딥러닝과 5G를 활용한 실시간 교통관리 시스템

실시간 교통관리 시스템은 교통 상황을 실시간으로 모니터링 하고, 분석하고, 조정하는 시스템이다. 이는 교통 체증 감소, 사고 예방, 에너지 절약 등의 장점을 가지고 있다. 실시간 교통관리 시스템은 다양한 센서와 카메라, 통신 기술 등을 활용한다. 블록체인과 인공지능 융합기술은 실시간 교통관리 시스템을 향상시킨다. 블록체인은 실시간 교통 데이터의 거래와 추적, 품질과 안전성 검증, 신뢰성 있는 정보 공유 등을 위한 불변 공유 원장이고, 인공지능은 딥러닝과 5G를 활용하여 실시간 교통 데이터를 분석하고, 예측하고, 최적화하고, 권장사항을 제공하는 지능적인 시스템이다. 예를 들어, 중국의 스타트업인 디디추싱(Didi Chuxing)은 블록체인과 인공지능 기반의 실시간 교통관리 시스템을 개발했다. 이 시스템은 센서와 카메라로부터 수집된 데이터를 블록체인에 기록하고, 딥러닝과 5G를 통해 데이터를 분석하고, 예측하고, 최적화한다. 이를 통해 실시간 교통 상황에 맞게 신호등 조절, 차량 경로 안내, 사고 예방 등을 지원한다.

무한한 가능성을 지닌 디지털혁명의 시대는 우리 앞에 열려 있다. 블록체인과 인공지능의 창조적인 융합은 단순한 기술의 결합을 넘어 산업의 성장과 사회의 발전을 주도하고 있으며, 이것이 가져올 변화는 현재의 우리가 상상할 수 있는 것을 훨씬 초월한다. 이 두 기술은 단지 새로운 시장과 직업을 만들어내는 것이 아니라 인류가 마주한 복잡한 문제와 도전을 극복하고, 전 세계의 삶의 질을 한 단계 더 높일 도구로 변모하고 있다.

이제 우리는 미래를 향한 담대한 여정의 시작점에 서 있다. 이 여정은 인류가 직면한 불확실성과 리스크에도 불구하고 끊임없이 나아가는 열정과 지혜의 여정이 될 것이다. 디지털 혁명은 단순히 기술적인 전환점이 아니라 인류의 새로운 장을 열고 더 나은 세상을 구축하는 방향으로 나아갈 수 있는 기회를 제공한다. 미래는 우리가 만드는 것이며, 그 미래는 밝고, 혁신적이며, 무한한 가능성을 안고 있다.

2장

디지털 화폐 혁명

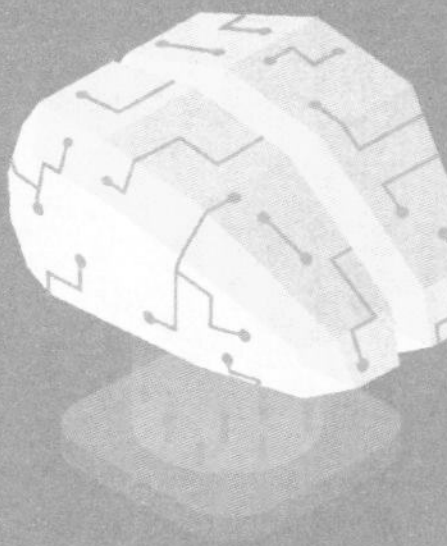

Convergence of blockchain
and artificial intelligence

디지털 화폐 혁명의 의미와 역사

화폐란 물물교환을 용이하게 하기 위해 사용되는 교환 수단을 말한다. 화폐는 인류의 역사와 함께 발전해왔으며, 그 형태와 기능은 시대와 지역에 따라 다양하게 변화해왔다.

일반 화폐의 역사

일반 화폐의 역사는 기원전 3000년경 메소포타미아에서 시작된다. 당시에는 곡물이나 가축과 같은 물품을 화폐로 사용했다. 이러한 물품 화폐는 무게와 질이 일정하지 않고, 보관과 운반이 어렵다는 단점이 있었다. 이를 보완하기 위해 기원전 2000년경부터 금속화폐가 등장했다. 금속화폐는 무게와 질이 일정하고, 보관과 운반이 쉽다는 장점이 있었다. 금속화폐 중에서도 금과 은은 귀하고 희귀한 금속이라는 점에서 가치가 인정되었으며, 세계적인 통용성을 가지게 되었다.

기원전 7세기경 리디아(Lydia)에서 세계 최초의 주화가 만들어졌다. 주화란 정부나 중앙은행이 발행하고 보증하는 금속화폐를 말한다. 주화는 액면가와 지급가가 동일하며, 정해진 중량과 질을 가지고 있다. 주화는 정부나 중앙은행의 신용을 바탕으로 하기 때문에 불법적인 주조나 변질을 방지하기 위해 도장이나 문양을 새겼다.

주화의 발명은 인류 역사상 큰 혁명이었다. 주화는 물물교환의 번거로움을 해소하고, 거래의 효율성과 속도를 높였다. 또한, 주화는 국가 간의 무역과 교류를 촉진하고, 경제와 문화의 발전에 기여했다.

주화는 그 후로도 계속해서 발전했다. 기원전 6세기경 고대 그리스에서는 다양한 도시국가들이 자신들만의 주화를 발행했으며, 이들은 '드라크마(Drakma)'라고 불렸다. 드라크마는 지중해 연안지역에서 널리 사용되었다. 기원전 3세기경 로마제국에서는 '데나리우스(Denarius)'라는 은화를 발행했으며, 이것은 유럽 전역에서 사용되었다. 기원전 2세기경 중국 한나라에서는 반자형(Semi-circular) 동전을 발행했으며, 이것은 중국 전역에서 사용되었다.

중세 시대에 들어서면서 주화의 발전은 정체되었다. 유럽에서는 로마제국의 붕괴와 함께 주화의 품질과 양이 저하되었으며, 무역이 위축되었다. 중국에서는 송나라에서 최초의 종이화폐인 송전을 발행했으나 과도한 발행으로 인해 가치가 하락했다. 이러한 상황에서 무역용 화폐로서의 역할을 한 것은 이슬람 세계의 '디나르(Dinar)'와 '디르함(Dirham)'이었다. 이들은 금과 은의 순도가 높고, 중량과 질이 일정하며, 아랍어와 이슬람 문양이 새겨져 있었다.

근대 시대에 들어서면서 주화의 발전은 다시 활발해졌다. 유럽에서는 신대륙의 발견과 대항해 시대를 맞이하면서 금과 은의 수요가 증가했다. 이에 따라 스페인이 신대륙에서 채굴한 대량의 금과 은을 유럽으로 수입했으며, 이것을 바탕으로 멕시코 달러와 '탈라(Tala)'를 발행했다. 이들은 라틴아메리카와 아시아에서 널리 사용되었다. 영국에서는 1816년에 금본위제를 도입했으며, 이것은 19세기 후반까지 세계적인 통화제도로 자리 잡았다. 금본위제란 화폐의 가치를 일정한 양의 금으로 보증하는 제도를 말한다.

20세기에 들어서면서 주화의 발전은 새로운 단계로 진입했다. 제1차 세계대전과 제2차 세계대전을 거치면서 금본위제는 붕괴했으며, 대신에 미국 달러를 중심으로 한 브레튼우즈(Bretton Woods) 체제가 구축되었다. 브레튼우즈 체제란 화폐의 가치를 일정한 환율로 미국 달러에 연결하고, 미국 달러의 가치를 일정한 양의 금으로 보증하는 제도를 말한다. 하지만 1971년에 미국이 금 환전을 중단하면서 브레튼우즈 체제도 붕괴했으며, 대신에 자유로운 환율제도가 도입되었다. 자유로운 환율제도란 화폐의 가치를 시장의 수요와 공급에 따라 결정하는 제도를 말한다.

현재 우리가 사용하는 주화는 대부분 종이화폐와 동전으로 이루어져 있다. 종이화폐는 11세기 중국 송나라에서 최초로 발행되었다. 종이화폐는 금속화폐보다 보관과 운반이 쉽고, 발행과 관리가 편리하다는 장점이 있다. 하지만 종이화폐는 고유의 가치가 없기 때문에 정부나 중앙은행의 신용을 바탕으로 해야 한다. 따라서 종이화폐는 본위제라는 제도를 통해 그 가치를 보증받았다. 본위제란 화폐의 가치를 특정한 소재나 재화로 보증하는 제도를 말한다.

동전은 금속화폐의 일종으로, 액면가와 지급가가 동일하며 정해진 중량과 질을 가지고 있다. 동전은 고유의 가치를 가지고 있기 때문에 종이화폐보다 신용에 의존하지 않는다. 하지만 동전은 보관과 운반이 어렵고, 발행과 관리가 복잡하다는 단점이 있다. 따라서 동전은 주로 소액 가치를 가진 화폐로 사용되었다.

디지털 화폐의 의미와 역사

디지털 화폐란 지폐나 동전과 같은 실물이 없이 전자적 형태로 사용되는 화폐를 말한다. 디지털 화폐는 1990년대 전자상거래가 급속도로 확산하면서 온라인상의 결제수단이 필요해진 것이 발단이다. 대표적인 예로 1998년에 등장한 '페이팔(Paypal)'이 있다.

디지털 화폐에는 여러 종류가 있다. 가상화폐, 암호화폐, 전자화폐, 중앙은행 디지털 화폐(CBDC) 등이 그 예다.

가상화폐

특정한 가상공간에서만 사용할 수 있는 디지털 화폐로, 실제 화폐와 교환할 수 없거나 어려운 경우가 많다. 예를 들면, 싸이월드의 도토리나 온라인 게임의 아이템, 페이스북 크레딧 등이 있다.

암호화폐

암호학 기술을 기반으로 하여 발행과 거래가 암호화되어 안전하고 투명하게 이루어지는 디지털 화폐로, 블록체인이라는 분산원장에 기록된다. 예를 들면 비트코인, 이더리움, 리플(Ripple) 등이 있다.

전자화폐

카드나 스마트폰 등의 전자기기를 통해 결제할 수 있는 디지털 화폐로, 실제 화폐와 일대일로 교환할 수 있다. 예를 들면 카카오페이, 네이버페이, 페이코 등이 있다.

중앙은행 디지털 화폐

중앙은행이 발행하는 디지털 형태의 법정화폐로 정부 규제를 받는다. 예를 들면, 중국의 디지털 위안화(DCEP)나 스웨덴의 e-크로나(e-Krona) 등이 있다.

디지털 화폐 혁명이란?

이러한 디지털 화폐들이 기존의 화폐 체계에 도전하고 변화를 일으키는 현상을 말한다. 디지털 화폐들은 정부나 중앙은행의 통제를 받지 않고, 개발자나 참여자들이 공동으로 발행하고 관리하며, 전 세계 어디서나 송금하고 결제할 수 있는 장점을 가지고 있다. 따라서 디지털 화폐들은 금융의 민주화와 혁신을 이끌고 있으며, 기업과 개인의 경제활동에도 새로운 가능성을 열어주고 있다.

디지털 화폐 혁명의 역사는 2009년 비트코인의 탄생으로 시작된다. '비트코인'은 세계 최초의 암호화폐로, 익명의 개발자 사토시 나카모토가 인터넷상에 공개한 백서에 따라 만들어졌다. 비트코인은 블록체인이라는 기술을 사용하여 거래내역을 분산된 네트워크에 기록하고 검증하며, 채굴이라는 과정을 통해 신규 발행되고 보상받는다. 비트코인은 금융위기와 정부의 부실한 정책에 대한 반발과 불신으로부터 탄생한 대안적인 화폐로서 주목을 받았다.

이후에도 다양한 암호화폐들이 등장했다. 2015년에는 비트코인의 한계를 극복하고자 만들어진 이더리움이 출시되었다. '이더리움'은 스마트 컨트랙트라는 기능을 통해 암호화폐 거래뿐만 아니라 다양한 분야의 응용 프로그램을 구현할 수 있게 했다. 2017년에는 암호화폐 시장이 급격하게 성장하면서, 리플, 비트코인 캐시, 카르다노, 이오스(EOS) 등 수많은 암호화폐들이 탄생했다. 이들은 각각 다른 목적과 특징을 가지고 있으며, 비트코인과 경쟁하고 협력하면서 암호화폐 생태계를 확장하고 있다.

디지털 화폐 혁명은 아직 진행 중이다. 디지털 화폐들은 여전히 많은 도전과 위기에 직면해 있다. 가격의 변동성, 해킹과 사기, 규제와 법적 불확실성, 환경문제 등이 그것이다. 하지만 디지털 화폐들은 이러한 문제들을 극복하고 발전하기 위해 노력하고 있으며, 이미 많은 사람들과 기관들의 관심과 지지를 받고 있다.

CBDC는 디지털 화폐 혁명의 새로운 장을 열고 있다. CBDC는 중앙은행이 발행하는 법정화폐로서, 디지털 화폐의 장점인 편리성과 효율성을 갖추면서도 가치변동의 위험이 없고 정부의 신용을 담보한다는 특징을 가진다. 중앙은행 디지털 화폐는 현금 사용의 감소, 지불수단의 다양화, 금융서비스의 민주화 등을 촉진할 수 있으며, 금융거래의 투명성과 안전성을 높일 수 있다.

CBDC의 역사는 2014년 에콰도르가 세계 최초로 발행한 것으로 시작된다. 에콰도르는 달러화된 경제에서 현금 사용 비용을 절감하기 위해 CBDC를 도입했으나, 시민들의 저항과 인식 부족으로 실패했다. 2016년에는 우루과이가 전자화폐 'e-페소(e-peso)'를 시범 운영했으나 기간 만료 후 연장되지 않았다. 2018년에는 베네수엘라가 국가 암호화폐 '페트로(Petro)'를 발행했으나, 국제적인 제재와 신뢰도 부족으로 성공하지 못했다. 2019년에는 바하마(Bahamas)가 '샌드달러(Sand Dollar)'라는 CBDC를 시범 운영했으며, 2020년에는 세계 최초로 전국적으로 확대했다. 바하마는 자연재해로 인한 금융서비스의 단절을 방지하고, 금융 접근성을 높이기 위해 CBDC를 도입했다.

현재 가장 적극적으로 CBDC를 추진하고 있는 나라는 중국이다. 중국은 2014년부터 디지털화폐연구소를 설립하고, 2020년부터는 일부 지역에서 시범 운영을 시작했다. 중국은 '디지털 위안화'라고 불리는 중앙은행 디지털 화폐를 2022년 베이징 올림픽에 맞춰 세계 최초로 상용화했다. 중국은 디지털 위안화(DCEP)를 통해 현금 사용 비용을 절감하고, 지불시스템의 효율성과 안전성을 높이고, 금융거래의 투명성과 감독을 강화하려고 한다. 또한, 디지털 위안화를 국경 간 거래에 활용하여 위안화의 국제화를 촉진하려고 한다.

많은 나라들이 CBDC에 대한 연구와 실험을 활발히 진행하고 있다. 예를 들어, 국제결제은행(BIS)은 여러 중앙은행과 함께 CBDC를 대중에게 탐구하고 있다. G20의 19개국, 일본, 인도, 러시아, 한국을 포함한 여러 나라가 CBDC를 탐구하고 있으며, 미국과 영국은 CBDC를 연구하고 있지만 아직 도입할지 여부를 확정하지 않았다.

CBDC는 디지털 화폐 혁명의 새로운 파장을 만들고 있다. 그러나 그 도입과 확산에는 여러 문제와 과제가 있다. 기술적인 문제, 법률적인 문제, 사생활 보호 문제, 금융 안정성 문제 등이 그것이다. 따라서 각 나라들은 이러한 문제들을 해결하기 위해 신중하게 접근할 필요가 있다.

디지털 화폐 혁명은 우리의 금융 체계와 경제 전반에 혁신적인 변화를 일으키는 동력으로 작용하고 있다. 기존 화폐 시스템에 대한 도전과 함께, 이는 더욱 효율적이고 민주적인 금융 시스템의 가능성을 열어주고 있다. 암호화폐의 등장과 그 발전, 중앙은행 디지털 화폐의 출현과 확산, 이 모든 변화는 디지털 화폐가 우리의 일상생활에서 점점 더 중요한 역할을 차지하게 되는 세상을 예고하고 있다. 그러나 아직 이 길에는 많은 도전과 장벽이 존재한다. 가격의 변동성, 해킹과 사기, 법률적 불확실성, 환경 문제 등의 도전이 이에 대한 전반적인 수용을 제한하고 있다. 또한, CBDC의 도입과 확산에도 기술적인 문제, 법률적인 문제, 사생활 보호 문제, 금융 안정성 문제 등이 존재한다.

그럼에도 불구하고, 디지털 화폐 혁명은 이미 불가역적으로 전 세계의 관심과 지지를 받고 있으며, 그 성장과 변화는 점점 더 가속화되고 있다. 이는 금융의 민주화와 혁신을 이끄는 중요한 힘이다. 따라서 이러한 도전을 정면으로 마주하고, 이들 문제를 해결하는 방법을 찾아내는 것이 더욱 중요해진다.

결론적으로, 디지털 화폐 혁명은 우리의 금융과 경제에 새로운 패러다임을 제시하고 있다. 이 혁명은 우리의 일상, 사회, 심지어는 전 세계의 경제 구조를 재정의하는 데 큰 역할을 할 것이다. 앞으로 어떤 모습으로 발전하고 변화할 것인지, 이는 우리 모두가 주목하고 기대해봐야 할 중요한 이슈다.

명목화폐와 암호화폐 비교

명목화폐(Fiat Money)와 암호화폐(Crypto Currency)는 모두 화폐의 일종이지만, 그 특징과 사용 방식에 있어서는 큰 차이가 있다. 명목화폐는 중앙은행이 발행하고 정부가 보증하는 화폐로, 물건이나 서비스를 구매하는 데 사용된다. 반면 암호화폐는 블록체인 기술을 기반으로 한 디지털 자산으로, 중앙은행이나 정부의 개입 없이 P2P(Peer to Peer) 방식으로 거래가 이루어진다.

명목화폐와 암호화폐의 특징

명목화폐는 중앙은행이 관리하고 통제하는 중앙집중형 구조의 화폐다. 그것은 거래의 매개체, 가치의 저장 수단, 그리고 충분한 화폐의 기능을 수행한다. 명목화폐의 가치는 본질적으로 없지만, 정부의 행동과 안정성에 따라 결정된다. 이러한 화폐의 장점은 안정성과 신뢰성으로 국제적인 거래에 널리 사용되며, 법적 보호와 정부의 규제 및 감독을 받음으로써 위험과 사기로부터 안전하다는 점이다. 또한 명목화폐는 사용 및 교환하기 쉬우며, 높은 인식도를 가지고 있어 편리하다. 그러나 이 화폐의 단점은 인플레이션과 하이퍼 인플레이션에 취약하며, 정부가 화폐 발행과 조작을 임의로 할 수 있기 때문에 가치가 떨어질 수 있다. 또한 명목화폐는 개인정보를 공개하고 은행 등의 중개자에게 수수료를 지불해야 하는 비용과 개인정보 유출 위험이 있다.

반면, 암호화폐는 암호화 기술을 이용한 디지털 화폐로, 중앙은행과는 독립적인 분산형 구조를 가지고 있다. 이 역시 거래의 매개체, 가치의 저장 수단, 그리고 충분한 화폐의 기능을 수행한다. 암호화폐의 장점은 전 세계 어디서든 누구나 접근 가능한 금융 서비스와, 중개자 없이 직접 거래를 할 수 있으며 거래 비용이 낮다는 점이다. 또한, 암호화폐는 익명성과 투명성을 보장하며, 개인정보 보호가 가능하다. 그러나 암호화폐의 단점은 가격 변동성이 크고 예측하기 어렵다는 것이다. 시장의 심리와 수요 및 공급에 따라 가치가 결정되므로 가격이 크게 변동할 수 있다. 그리고 법적인 보호를 받지 못하며, 정부의 규제와 감독이 없기 때문에 위험과 사기에 노출될 수 있다.

비트코인과 알트코인

비트코인과 알트코인은 모두 암호화폐라는 공통점을 가지고 있다. 암호화폐란 전자적 형태로 존재하고, 암호화 기술을 이용하여 보안과 거래를 관리하는 디지털 화폐를 말한다. 암호화폐는 중앙기관이나 정부의 개입 없이 P2P 방식으로 빠르고 안전하게 거래할 수 있다. 비트코인과 알트코인의 차이점은 비트코인이 세계 최초로 발행된 암호화폐라는 점이다.

비트코인은 앞서 언급했듯 2008년 10월 사토시 나카모토라는 가명을 쓰는 프로그래머가 오픈소스 소프트웨어로 만든 온라인 암호화폐다. 2009년 1월에 비트코인 설계 프로세스가 공개되었으며, 이후 다양한 알트코인들이 비트코인의 소스 코드를 기반으로 만들어졌다. 비트코인의 목적은 은행이나 정부 금융기관의 중앙화 금융거래 시스템에서 벗어나 탈중앙화 · 익명화된 금융거래를 가능하게 하는 것이다. 비트코인은 블록체인이라는 분산 데이터베이스에 거래 기록을 저장하고, 공개키 암호 방식을 이용해 거래를 수행한다. 비트코인은 작업 증명(Proof of Work)이라는 알고리즘으로 거래의 유효성을 검증하고, 중복 지출(Double-spending)을 방지한다. 비트코인은 개인의 자유가 보장된 신금융 시스템을 만들기 위해 개발되었다. 사토시 나카모토는 인터넷 기술을 통해 투명하면서도 익명성을 보장하는 온라인 지불 시스템을 만들고자 했다. 즉, 그는 비트코인을 개발해서 송금하는 사람과 받는 사람의 정보를 기밀로 유지하고, 지불 데이터를 정부를 포함한 제3자가 절대 알 수 없는 시스템을 만들고자 했다. 비트코인은 또한 글로벌 부채 폭발을 대비하기 위해 개발되었다. 사토시 나카모토는 비트코인 네트워크의 첫 번째 블록인 제네시스 블록에 "The Times 03/Jan/2009 Chancellor on brink of second bailout for banks"* 라는 문구를 삽입하여, 당시 글로벌 금융위기에 대한 비판과 경고를 표현했다. 그는 비트코인을 통해 달러 중심의 기축 통화 시스템과 현대 자본주의의 문제점을 극복하고자 했다.

알트코인이란 비트코인을 대체하거나 개선하기 위해 만들어진 다른 종류의 암호화폐를 말한다. 알트코인은 Alternative coin의 줄임말로, 비트코인 이외의 모든 암호화폐를 포함한다. 알트코인에는 다양한 종류가 있으며, 각각 특정한 목적이나 기능을 가지고 있다. 예를 들어, 이더리움은 스마트 컨트랙트라는 프로그래밍 가능한 계약 기능을 제공하며, 바이낸스(Binance) 코인은 바이낸스 거래소에서 수수료 할인 등의 혜택을 주는 유틸리티 토큰이다. 리플은 국제송금을 빠르고 저렴하게 하기 위한 결제 네트워크를 구축하며, 도지(Doge)코인은 인터넷 밈(Meme)에서 유래한 재미와 친근함을 강조하는 코인이다.

알트코인의 역사는 비트코인의 역사와 밀접하게 연관되어 있다. 비트코인이 성공적으로 시장에 진입하면서, 그 소스 코드를 기반으로 새로운 코인들이 만들어지기 시작했다. 2011년에는 라이트(Lite)코인이 등장했으며, 이는 비트코인보다 빠르고 저렴한 거래를 제공하기 위해 블록 생성 시간을 2.5분으로 줄이고, 스크립트 알고리즘을 사용하며, 세그

* 이 문구는 영국의 신문 *The Times*의 헤드라인을 인용한 글인데, 한글로 번역하면 "The Times 2009년 1월 3일 은행에 대한 두 번째 구제 금융 위기에 처한 총리"이며, 여기서 'Chancellor'는 라틴어로 로만법정에서 문을 여닫는 사람이나 서기관을 뜻한다. 여기서는 영국에서 총리나 재무장관을 나타낸다.

윗(SegWit)과 라이트닝(Lightning) 네트워크를 적용했다. 2013년에는 리플이 등장했으며, 이는 글로벌 결제 네트워크를 구축하기 위해 은행과 제휴를 맺었다. 2014년에는 대시(Dash)가 등장했으며, 이는 익명성과 거래 속도를 향상시키기 위해 마스터노드(MasterNode)라는 특별한 노드를 도입했다. 2015년에는 이더리움이 등장했으며, 이는 스마트 컨트랙트를 통해 다양한 애플리케이션을 구현할 수 있는 플랫폼을 제공했다. 2017년에는 비트코인 캐시가 등장했으며, 이는 비트코인의 블록 크기를 8MB로 늘려서 거래량과 속도를 증가시키기 위해 비트코인에서 분기한 하드포크 코인이다. 비트코인 캐시는 또한 스마트 계약 기능을 추가했다. 2018년에는 이오스가 등장했으며, 이는 이더리움의 확장성 문제를 해결하기 위해 새로운 합의 알고리즘과 거버넌스 모델을 도입했다.

알트코인은 지금도 계속해서 새롭게 만들어지고 있다. 현재 알트코인의 개수는 2만 개 이상에 이르며, 그 가치와 인기도는 다양하다. 알트코인은 비트코인보다 더 많은 기능과 혁신을 제공하려고 하지만, 그만큼 더 많은 위험과 불안정성을 갖고 있다. 알트코인은 비트코인의 가격 변동에 영향을 받을 수 있으며, 규제나 해킹 등의 외부 요인에 취약할 수 있다.

지불수단용 암호화폐

암호화폐가 상품구매 및 지불의 수단으로 사용될 가능성은 여러 요인에 따라 달라질 수 있다. 예를 들어, 거래 속도, 수수료, 보안, 인지도, 규제, 수요와 공급 등이 영향을 미칠 수 있다. 그러나 일반적으로 지불수단 화폐로서 사용 가능성이 높은 알트코인은 다음과 같은 특징을 가지고 있다.

비트코인과의 호환성

비트코인은 가상화폐 시장에서 가장 큰 시가총액과 유동성을 가지고 있으며, 많은 거래소와 지갑에서 지원된다. 따라서 비트코인과 호환되는 알트코인은 비트코인의 인프라와 네트워크를 활용할 수 있으며, 거래가 용이하고 안전하다. 예를 들어, 라이트코인과 비트코인 캐시는 비트코인의 소스 코드를 기반으로 만들어진 알트코인으로, 비트코인보다 빠른 거래 속도와 낮은 수수료를 제공한다.

실생활 적용성

실생활에서 쉽게 사용할 수 있는 알트코인이다. 즉, 다양한 상품과 서비스를 구매하거나 지불할 수 있는 알트코인이다. 예를 들어, XRP는 국제송금을 빠르고 저렴하게 하기 위한 결제 네트워크를 구축하고 있으며, 여러 은행과 제휴를 맺었다. 도지코인은 온라인 커뮤니티에서 팁이나 기부로 사용되거나, 일론 머스크 등 유명 인사들의 홍보로 인해 상품구매에도 사용된다.

혁신성

기존의 화폐보다 더 많은 기능과 혁신을 제공하는 알트코인이다. 즉, 화폐의 한계를 극복하거나 새로운 가치를 창출하는 알트코인이다.

예를 들어, 이더리움은 스마트 컨트랙트라는 프로그래밍 가능한 계약 기능을 제공하며, 다양한 애플리케이션을 구현할 수 있는 플랫폼을 제공한다.

암호화폐는 거래 속도가 빠르고 수수료가 저렴하며 보안성이 높다는 특징을 가지고 있다. 또한, 중앙화된 기관의 개입 없이 P2P 방식으로 거래가 이루어지기 때문에 국경을 초월한 거래가 가능하다. 이러한 특징들로 인해 암호화폐는 지불수단으로 사용될 가능성이 높다. 이미 일부 국가에서는 암호화폐를 법정화폐로 인정하고 있으며, 점차 많은 기업들이 암호화폐를 결제수단으로 채택해나가고 있다.

향후 암호화폐의 지불수단으로서의 사용이 더욱 확대될 것이다. 또한, 암호화폐의 기술이 더욱 발전하고 규제가 완화되면서 암호화폐의 사용이 더욱 보편화될 것으로 예상된다.

중앙은행 디지털 화폐와 스테이블 코인의 차이점

디지털 화폐의 확산과 발전은 중앙은행 디지털 화폐(CBDC)와 스테이블 코인의 등장으로 새로운 단계로 진입했다. 이 두 가지 형태의 디지털 화폐는 그 구조와 목적에 있어서 본질적인 차이를 가지고 있지만, 공통적으로 기존의 금융 시스템에 대한 도전과 혁신의 촉매제 역할을 한다.

CBDC와 스테이블 코인의 개념과 특징

CBDC는 'Central Bank Digital Currency'의 약자로, 중앙은행이 발행하고 관리하는 디지털 화폐다. CBDC는 법정화폐와 동일한 가치를 가지며, 일대일로 교환 가능하다. CBDC는 기존의 현금이나 전자화폐와 달리, 분산원장 기술을 기반으로 하는 경우가 많다. 분산원장 기술은 거래 내역을 여러 참여자들이 공유하고 검증하는 방식으로, 중앙화된 관리자나 중개자가 필요하지 않다.

CBDC는 실시간으로 송금할 수 있으며, 거래 비용을 절감할 수 있다. 또한, CBDC는 정책 목적에 따라 다양한 특성을 부여할 수 있다. 예를 들어 CBDC는 이자를 지급하거나, 보유한도를 설정하거나, 이용 가능 시간을 조절하거나, 익명성의 수준을 조절할 수 있다.

스테이블 코인(Stable Coin)은 기초 자산의 가치와 연결된 암호화폐다. 암호화폐의 장점인 신속성과 효율성을 유지하면서 가격 변동성을 줄이기 위해 만들어졌다. 스테이블 코인은 기초 자산에 따라 크게 세 가지 종류로 나눌 수 있다.

첫째, 자산보전형 스테이블 코인은 달러나 금과 같은 실물 자산이나 단기 채권과 같은 금융 자산에 연결되어 있다. 이러한 스테이블 코인은 기초 자산과 동일한 양을 예치하거나 발행량을 조절하는 방식으로 가격 안정성을 유지한다. 예를 들어, USDT나 USDC와 같은 달러 연동형 스테이블 코인이 여기에 해당한다.

둘째, 알고리즘형 스테이블 코인은 기초 자산에 연결되어 있지 않고, 내부적인 알고리즘에 의해 발행량을 조절하는 방식으로 가격 안정성을 유지한다. 이러한 스테이블 코인은 시장 수요와 공급에 따라 발행량을 늘리거나 줄여서 가격을 일정 수준에 유지한다. 예를 들어, DAI와 같은 알고리즘형 스테이블 코인이 여기에 해당한다.

셋째, 혼합형 스테이블 코인은 자산보전형과 알고리즘형의 장점을 결합한 방식으로 가격 안정성을 유지한다. 이러한 스테이블 코인은 기초 자산과 알고리즘에 의해 발행량을 조절하는 방식으로 가격 안정성을 유지한다. 예를 들어, FRAX와 같은 혼합형 스테이블 코인이 여기에 해당한다.

CBDC와 스테이블 코인의 장점과 단점

CBDC와 스테이블 코인은 모두 디지털 화폐로, 기존의 화폐와 유사한 기능을 수행한다. 그러나 CBDC는 중앙은행이 발행하고 관리하는 반면, 스테이블 코인은 민간기관이 발행하고 관리한다.

CBDC의 장점

첫째, 실시간으로 송금할 수 있으므로 국내외 결제의 효율성과 편리성을 높일 수 있다. 둘째, 거래 비용을 절감할 수 있으므로 금융 서비스의 접근성과 포용성을 높일 수 있다. 셋째, 정책 목적에 따라 다양한 특성을 부여할 수 있으므로 금융 안정성과 효율성을 강화하고 금융 혁신을 촉진할 수 있다. 넷째, 중앙은행의 신뢰도와 권위를 강화할 수 있으므로 법정화폐의 가치를 유지하고, 불법 자금과 지하 경제를 방지할 수 있다.

CBDC의 단점

첫째, 개인정보 보호와 익명성의 문제가 있을 수 있다. CBDC는 중앙은행이 거래 내역을 추적하고 관리할 수 있으므로 개인의 거래 행태와 재산 상태가 공개될 우려가 있다. 둘째, 시중 은행의 역할과 수익에 영향을 줄 수 있다. CBDC는 중앙은행에서 직접 발급하고 운영할 수 있으므로 시중 은행의 예금 및 대출 업무가 축소될 가능성이 있다. 셋째, 국제 금융 시장의 변화에 적응해야 할 수 있다. CBDC는 국가 간의 화폐 전쟁이나 환율 변동에 영향을 받을 수 있으며, 비거주자의 이용 여부에 따라 자본 이동이나 재정 정책에 영향을 줄 수 있다.

스테이블 코인의 장점

첫째, 가격 변동성이 적은 안정적인 암호화폐다. 스테이블 코인은 기초 자산과 연결되어 있거나 알고리즘에 의해 발행량을 조절하므로 가격이 크게 오르락내리락하지 않는다. 둘째, 암호화폐 거래의 매개수단으로 사용될 수 있다. 스테이블 코인은 법정화폐와 동일한 가치를 가지므로 암호화폐 거래소에서 다른 암호화폐와 교환할 때 편리하고 안전하게 사용할 수 있다. 셋째, 디지털 금융 서비스의 확장에 기여할 수 있다. 스테이블 코인은 빠르고 저렴하게 송금할 수 있으며, 스마트 컨트랙트와 연동할 수 있으므로, 다양한 디지털 금융 서비스를 제공하고 이용할 수 있다.

스테이블 코인의 단점

첫째, 기초 자산의 보유 및 감사에 대한 신뢰 문제가 있을 수 있다. 스테이블 코인은 기초 자산과 동일한 양을 예치하거나 발행량을 조절하는 방식으로 가격 안정성을 유지하는데, 이 과정에서 발행기관의 투명성과 신뢰성이 떨어질 수 있다. 둘째, 법적 지위와 규제에 대한 불확실성이 있을 수 있다. 스테이블 코인은 민간기관이 발행하고 관리하는 태평양(APAC)과 유럽-중동-아프리카(EMEA) 지역이 가장 높은 성장률을 보였다. APAC 지역은 중국을 중심으로 소비자와 기업의 디지털화가 가속화되었으며, 온라인 결제 서비스와 암호화폐 거래소 등의 혁신적인 결제 플랫폼이 활발하게 운영되었다. EMEA 지역은 유럽연합(EU)의 PSD2(결제 서비스 지침)와 오픈 뱅킹(Open Banking) 정책의 도입으로 금융 서비스의 경쟁력이 강화되었으며, 아프리카에서는 모바일 결제 서비스와 스테이블 코인 등의 신흥 결제 플랫폼이 성장했다.

글로벌 결제 플랫폼은 다양한 종류가 있으며, 각각의 장단점과 경쟁력을 가지고 있다.

국제결제 네트워크

비자(Visa), 마스터카드(Mastercard), 리플(Ripple), 스텔라(Stellar) 등이 있다. 이들은 국가 간의 신용카드, 직불카드, 송금 등의 결제를 중개하고 처리하는 역할을 한다. 이들의 장점은 전 세계적으로 널리 사용되는 안정적이고 신뢰할 수 있는 결제 인프라를 제공한다는 것이다. 이들의 단점은 수수료가 비교적 높고, 송금 속도가 느리며, 환율 변동 위험이 있다는 것이다. 이들의 경쟁력은 기존의 고객 기반과 브랜드 인지도, 그리고 지속적인 혁신과 확장을 통해 유지되고 있다는 점이다.

온라인 결제 서비스

페이팔(PayPal), 스트라이프(Stripe), 아마존페이(Amazon Pay), 애플페이(Apple Pay), 구글페이(Google Pay) 등이 있다. 이들은 온라인 쇼핑, 디지털 콘텐츠, 앱 구매 등의 결제를 간편하고 안전하게 처리하는 역할을 한다.

이들의 장점은 다양한 결제수단과 통화를 지원하며, 사용자의 결제 경험을 향상시킨다는 것이다. 이들의 단점은 일부 국가나 산업에서 사용이 제한되거나 규제를 받을 수 있으며, 보안 위협에 노출될 수 있다는 것이다. 이들의 경쟁력은 각각의 플랫폼과 연동하여 대규모의 사용자와 파트너를 확보하고, 지속적으로 새로운 기능과 서비스를 개발하고 있다는 점이다.

암호화폐 거래소

바이낸스(Binance), 코인베이스(Coinbase), 업비트(Upbit) 등이 있다. 이들은 암호화폐의 거래와 보관을 가능하게 하는 역할을 한다. 이들의 장점은 암호화폐를 통해 저렴하고 빠르며 투명한 국경 간 결제를 할 수 있다는 것이다. 이들의 단점은 암호화폐의 가격 변동성과 법적 불확실성, 그리고 해킹과 사기 등의 보안 위협이 있다는 것이다. 이들의 경쟁력은 전 세계에서 가장 많은 거래량과 사용자를 보유하고 있으며, 다양한 암호화폐와 서비스를 제공하고 있다는 점이다.

디지털 지갑

카카오페이(Kakao Pay), 네이버페이(Naver Pay), 페이코(Payco), 알리페이(Ali pay), 위챗페이(WeChat Pay) 등이 있다. 이들은 모바일 기기를 통해 온라인과 오프라인에서의 결제를 쉽게 할 수 있게 하는 역할을 한다. 이들의 장점은 간편하고 편리한 결제 방식을 제공하며, 다양한 혜택과 할인을 받을 수 있다는 것이다. 이들의 단점은 일부 국가나 산업에서 사용이 제한되거나 규제를 받을 수 있으며, 보안 위협에 노출될 수 있다는 것이 결제를 용이하게 할 수 있다. JP모건체이스는 쿼럼 네트워크와 JPM 코인을 ISO 20022 표준과 호환되도록 개발했으며, 스위프트와의 협력을 통해 국제결제의 효율성과 안전성을 높이려고 한다. XDC 네트워크는 이더리움의 하위 호환 블록체인으로, 이더리움의 보안을 활용하여 보안성을 높였으며 ISO 20022 표준을 지원하는 블록체인 플랫폼으로, 이더리움 등 다른 플랫폼들이 ISO 20022 표준을 사용할 수 있도록 지원하고 있다. 이러한 결제시스템들은 각자의 장점과 특징을 가지고 있으며, ISO 20022 표준을 통해 상호 연결되고 상호 보완할 수 있다. 따라서 ISO 20022 표준으로 여러 결제시스템이 부분적으로 시장을 점유하는 공존의 시대가 올 것으로 예상된다.

ISO 20022 규정을 준수하면서 개발된 플랫폼에는 R3 코르다, 하이퍼레저 패브릭(Hyperledger Fabric), 쿼럼, 인터레저(Interledger), 솔라나페이(Solana Pay), 리플넷(RippleNet), XDC 네트워크, 스텔라, 디피니티(Dfinity), 헤데라 해시그래프(Hedera Hashgraph) 등이 있다. 이러한 플랫폼들은 모두 ISO 20022 규정을 준수하여 금융 거래를 안전하고 효율적으로 처리할 수 있다. 또한, 다양한 기업과 금융기관이 참여할 수 있도록 설계되어 있다.

하지만 이러한 공존의 시대에도 여전히 도전과 과제가 존재한다. 예를 들어, ISO 20022 표준은 다양한 비즈니스 도메인과 네트워크에 걸쳐 일관된 데이터 사전(Data Dictionary)과 메시지 구조를 제공하지만, 완전히 통일된 표준은 아니다. ISO 20022 표준은 각각의 도메인과 네트워크에 맞게 적용하고 확장할 수 있도록 유연성을 제공한다. 이는 다양한 요구사항과 상황에 대응할 수 있게 하지만, 동시에 호환성과 일관성을 저해하는 요인이 될 수 있다. 따라서 ISO 20022 표준을 적용하는 결제시스템들은 서로의 차이점을 인식하고 조정하며, 공통된 규칙과 가이드라인을 준수해야 한다.

또한 ISO 20022 표준은 결제 메시지에 더 많은 데이터를 담을 수 있게 하지만, 이는 더 많은 데이터를 관리하고 보호해야 한다는 의미이기도 하다. 결제 메시지에는 개인정보나 기밀정보가 포함될 수 있으며, 이러한 데이터는 규제와 보안의 측면에서 적절하게 처리되어야 한다. 따라서 ISO 20022 표준을 적용하는 결제시스템들은 데이터의 품질과 정확성뿐만 아니라, 데이터의 보안과 개인정보 보호에도 주의를 기울여야 한다.

결론적으로 ISO 20022 표준은 글로벌 결제시장에 많은 혜택과 기회를 제공하지만, 동시에 새로운 도전과 과제도 수반한다. 따라서 스위프트를 비롯한 여러 결제시스템들은 ISO 20022 표준을 성공적으로 도입하고 활용하기 위해 지속적으로 노력하고 협력해야 할 것이다. 글로벌 결제 플랫폼은 국경과 통화를 넘어서는 실시간, 저비용, 투명한 결제 서비스를 제공하며, 금융 포용과 혁신을 촉진하는 중요한 역할을 하고 있다. 하지만 글로벌 결제 플랫폼의 발전은 규제, 보안, 인프라, 협력 등의 다양한 이슈와 함께 진행되어야 한다.

인공지능을 활용한 디지털 화폐의 혁신

인공지능과 디지털 화폐는 현대 금융 시스템에 혁신적인 변화를 가져오고 있다. 인공지능은 데이터를 분석하고 예측하며 의사결정을 지원하는 기술로, 디지털 화폐의 발행, 유통, 거래, 결제 등의 과정을 효율적이고 지능적으로 만들 수 있다. 디지털 화폐는 전자적인 형태로 존재하는 화폐로, 중앙은행이나 사설기관이 발행하고, 인터넷이나 모바일 기기를 통해 전송하고 사용할 수 있다. 디지털 화폐는 국경 간 결제를 빠르고 저렴하게 수행할 수 있으며, 글로벌 금융 시장에 접근하기 어려운 사람들에게도 금융 서비스를 제공할 수 있다.

디지털 화폐의 발행과 유통

인공지능은 디지털 화폐의 발행과 유통을 위한 효율적이고 안전한 플랫폼을 구축하고 운영하는 데 필수적인 역할을 한다. 예를 들어, 인공지능은 디지털 화폐의 발행량과 가격을 최적화하고 조절하며, 디지털 화폐의 유통과 재정거래를 모니터링 하고 감독한다. 또한, 인공지능은 디지털 화폐의 발행과 유통에 관련된 데이터를 수집하고 분석하며, 통계와 보고서를 작성한다.

인공지능은 디지털 화폐의 발행과 유통에 차별화된 가치를 제공한다. 인공지능은 디지털 화폐의 발행과 유통을 더 신속하고 정확하게 만들어준다. 예를 들어, 인공지능은 디지털 화폐의 발행과 유통에 필요한 복잡한 계산과 검증을 빠르게 수행하며, 오류나 지연을 줄여준다. 또한, 인공지능은 디지털 화폐의 발행과 유통을 더 지능적이고 적응적으로 만들어준다. 인공지능은 디지털 화폐의 발행과 유통에 영향을 미치는 다양한 요인과 상황을 학습하고 예측하며, 필요에 따라 적절한 조치를 취해준다.

인공지능은 디지털 화폐의 발행과 유통에 대한 새로운 비전과 전략을 제시한다. 인공지능은 디지털 화폐의 발행과 유통을 위한 혁신적이고 창의적인 솔루션을 개발하고 적용한다. 예를 들어, 인공지능은 디지털 화폐의 발행과 유통을 위한 블록체인, 스마트 계약, 인공신경망 등의 최신 기술을 활용하며, 디지털 화폐의 발행과 유통에 관련된 다양한 문제와 과제를 해결한다. 또한, 인공지능은 디지털 화폐의 발행과 유통을 위한 글로벌 협력과 통합을 촉진한다. 예를 들어, 인공지능은 디지털 화폐의 발행과 유통에 대한 국제적인 표준과 규제를 수립하고 적용하며, 다양한 이해관계자들의 의견과 요구사항을 수용하고 조정한다.

인공지능과 디지털 화폐의 융합은 디지털 금융 시스템의 미래를 열고 있다. 인공지능은 디지털 화폐의 발행과 유통을 더 스마트하고 디지털화된 방식으로 진행할 수 있게 해준다. 이는 금융 서비스의 품질을 높이고 범위를 넓히며, 금융 포용과 금융 안정성을 강화할 것이다.

디지털 화폐의 거래와 결제

인공지능과 디지털 화폐의 융합은 국경 간 결제의 새로운 패러다임을 만들고 있다. 인공지능은 디지털 화폐의 거래와 결제를 위한 플랫폼을 구축하고 운영하는 데 필수적인 역할을 한다. 예를 들어, 인공지능은 디지털 화폐의 가격 변동을 예측하고 최적의 거래 시점과 방법을 제시하며, 거래자들의 신원을 확인하고 사기나 범죄를 방지하는 데 도움이 된다. 또한, 인공지능은 디지털 화폐의 결제를 위한 스마트 계약을 작성하고 실행하며, 결제 조건과 결과를 자동으로 기록하고 검증하는 데 사용된다. 이렇게 인공지능은 디지털 화폐의 거래와 결제를 더 안전하고 신뢰할 수 있게 만들어준다.

인공지능과 디지털 화폐의 융합은 국경 간 결제의 혁신과 변화를 가져오고 있다. 인공지능은 디지털 화폐의 거래와 결제를 더 편리하고 접근하기 쉽게 만들어준다. 예를 들어, 인공지능은 디지털 화폐의 거래와 결제를 위한 음성인식, 얼굴인식, 지문인식 등의 바이오메트릭스(Biometrics) 기술을 제공하며, 거래자들의 선호와 행동을 학습하고 맞춤형 서비스를 제공한다. 또한, 인공지능은 디지털 화폐의 거래와 결제를 더 다양하고 창의적으로 만들어준다. 예를 들어, 인공지능은 디지털 화폐의 거래와 결제를 위한 게임, 소셜미디어, 증강현실 등의 새로운 형태와 채널을 개발하고 통합한다.

인공지능과 디지털 화폐의 융합은 국경 간 결제의 도전과 기회를 만들고 있다. 인공지능은 디지털 화폐의 거래와 결제를 더 공정하고 투명하게 만들어준다. 예를 들어, 인공지능은 디지털 화폐의 거래와 결제에 대한 데이터를 공개하고 공유하며, 거래자들의 권리와 의무를 보호하고 감독한다. 또한, 인공지능은 디지털 화폐의 거래와 결제를 더 지속가능하고 사회적으로 유익하게 만들어준다. 예를 들어, 인공지능은 디지털 화폐의 거래와 결제에 대한 탄소발자국을 줄이고 에너지 효율을 높이며, 환경, 사회, 지배구조(ESG) 관련 목표와 가치를 반영한다.

인공지능과 디지털 화폐의 융합은 국경 간 결제의 비전과 전략을 제시하고 있다. 인공지능은 디지털 화폐의 거래와 결제를 위한 새로운 금융 서비스와 비즈니스 모델을 창출하고 발전시킨다. 예를 들어, 인공지능은 디지털 화폐의 거래와 결제를 위한 P2P, 디파이, 메타버스 등의 혁신적인 개념과 플랫폼을 구현하고 확장한다. 또한, 인공지능은 디지털 화폐의 거래와 결제를 위한 글로벌 금융 생태계를 재구성하고 협력한다. 예를 들어, 인공지능은 디지털 화폐의 거래와 결제를 위한 국제적인 표준과 규제를 수립하고 적용하며, 다양한 이해관계자들의 의견과 요구사항을 수용하고 조정한다.

인공지능과 디지털 화폐의 융합은 국경 간 결제의 미래를 열고 있다. 인공지능은 디지털 화폐의 거래와 결제를 더 스마트하고 디지털화된 방식으로 진행할 수 있게 해준다. 이는 국제무역과 상업에도 긍정적인 영향을 미칠 것이다. 하지만, 이러한 기술의 발전과 적용에는 여러 위험과 난제가 존재한다. 예를 들어, 인공지능과 디지털 화폐는 개인정보 보호, 사이버보안, 금융안정성, 기술격차 등의 문제를 야기할 수 있다. 따라서, 이러한 기술의 장점을 최대화하고 단점을 최소화하기 위해서는 적절한 정책과 규제가 필요하다.

디지털 화폐의 미래

디지털 화폐의 미래는 실물 화폐의 한계를 극복하고, 금융 서비스의 접근성과 효율성을 향상시킬 수 있는 핵심 요소로 주목받고 있다. 디지털 화폐는 기존의 화폐와 비교하여 몇 가지 탁월한 장점을 지니고 있으며, 그 잠재력은 무한하다. 이러한 디지털 화폐는 앞으로도 지속적으로 발전하며, 기존의 화폐를 대체할 수 있을 것으로 전망된다. 그러므로 디지털 화폐의 미래는 매우 밝다.

첫째, 디지털 화폐는 기존의 화폐보다 더 안전하고 편리할 것으로 예상된다. 전자적인 형태로 존재하는 디지털 화폐는 보안성이 강화되어 있어서 해킹 등의 위험이 적다. 블록체인 기술을 활용하여 거래의 투명성과 안전성을 보장하고, 사용자의 개인정보를 보호하는 데에도 뛰어난 효과를 발휘한다. 또한, 물리적인 화폐 사용 없이 스마트폰이나 컴퓨터와 연결하여 디지털 화폐를 사용할 수 있으므로, 결제와 송금이 더욱 간편해진다. 이로 인해 디지털 화폐는 미래의 결제수단으로서 더욱 확대될 것으로 기대된다.

둘째, 디지털 화폐는 기존의 화폐보다 더 효율적일 것으로 예상된다. 전자적인 특성 때문에 거래 속도가 빠르고, 중개인을 거치지 않아서 수수료가 절감된다. 이를 통해 금융 거래의 비용과 시간을 절약할 수 있으며, 금융 서비스의 접근성도 높아진다. 또한, 디지털 화폐는 국제 거래에서의 환율 문제를 해결해주기 때문에 국제 비즈니스에도 적용 가능성이 크다. 따라서 기업들은 디지털 화폐를 활용하여 더욱 효율적인 글로벌 비즈니스를 구축할 수 있을 것이다.

셋째, 디지털 화폐는 새로운 금융 서비스와 비즈니스 모델을 창출할 것으로 기대된다. 블록체인과 스마트 계약 기술을 활용하여, 중앙기관 없이 자동화된 금융 서비스를 제공할 수 있다. 예를 들어, 디파이 플랫폼은 전통 금융기관의 역할을 대체하여 대출, 예금, 투자 등의 금융 서비스를 제공한다. 또한, 블록체인의 투명성과 불변성을 활용하여 금융 거래의 신뢰성을 높이는 서비스들이 등장할 것으로 기대된다. 이로 인해 기업들과 개인들은 더욱 혁신적이고 다양한 금융 서비스를 체험할 수 있게 될 것이다.

결론적으로 디지털 화폐는 기존의 화폐를 대체할 수 있을 뿐만 아니라 더욱 효율적이고 안전하며 혁신적인 금융 서비스를 제공할 수 있다. 블록체인 기술과 인터넷의 발전으로 인해 디지털 화폐는 계속해서 발전하며 우리의 생활 속에 더욱 녹아들어갈 것으로 기대된다. 디지털 화폐의 미래는 빛나고 있으며, 우리는 새로운 금융 혁신의 시대를 맞이하고 있다. 혁신적인 금융서비스 부분에 대해 다음 장에서 그 내용을 더 자세히 다루고 있다.

3장

디지털 금융 혁명

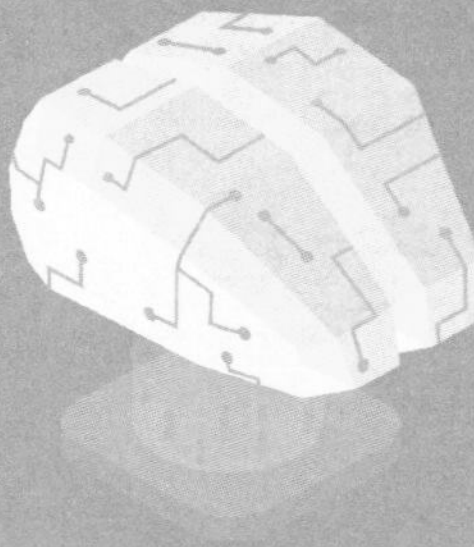

Convergence of blockchain
and artificial intelligence

디파이의 이해

디파이(Decentralized Finance, De-Fi)는 블록체인 기술을 활용하여 제공되는 금융 시스템이다. 주요 특징은 스마트 계약을 통해 다양한 금융 서비스, 예를 들면 대출, 거래소, 파생상품, 자산토큰화, 보험을 제공한다는 점이다. 이 시스템의 주된 장점은 중간자를 거치지 않고 누구나 직접 금융 서비스를 이용할 수 있다는 것이다. 복잡한 인증과정이나 계약기간이 필요 없으며, 인터넷만 연결되어 있으면 어디서나 이용할 수 있다. 또한, 디파이의 핵심은 참여하는 토큰 홀더들이 거버넌스에 참여하며 보상을 받을 수 있다는 점이다.

디파이의 발전 과정

2009년

비트코인(Bitcoin)이 출시되었다. 비트코인은 블록체인 기술을 기반으로 한 암호화폐로, 중앙화된 금융기관을 거치지 않고 사용자들끼리 직접 거래를 할 수 있는 최초의 금융 서비스다.

2015년

이더리움이 출시되었다. 이더리움은 스마트 계약을 도입하여 블록체인에서 프로그래밍 가능한 금융 애플리케이션을 구현할 수 있게 한다. 스마트 계약은 미리 정해진 조건에 따라 자동으로 실행되는 코드로, 거래의 신뢰성과 효율성을 높여준다.

2016년

메이커다오(MakerDao)가 출시되었다. 메이커다오는 최초의 탈중앙화 스테이블 코인인 DAI를 발행한다. DAI는 BTC, ETH 등의 코인을 담보로 발행할 수 있고, 1DAI는 항상 1달러와 동일한 가치를 유지한다.

2017년

콤파운드(Compound)가 출시되었다. 콤파운드는 다양한 암호화폐를 담보로 받고 대출할 수 있는 디파이 기반의 담보대출 플랫폼이다. 콤파운드는 각 코인의 재고에 따라 이자율이 자동으로 결정되며, 콤파운드를 사용한 이용자들에게 거버넌스 토큰인 콤프(COMP)를 나눠준다.

2018년

유니스왑(Uniswap)이 출시되었다. 유니스왑은 최초의 이더리움 기반 온체인 자동화 마켓메이커 프로토콜이다. 유니스왑은 ERC-20 토큰을 원활하게 교환할 수 있는 인터페이스를 제공하며, 거래 수수료나 이자율 등은 알고리즘에 의해 결정된다.

2019년

에이브(Aave)가 출시되었다. 에이브는 다양한 암호화폐를 예치하고 대출할 수 있는 디파이 기반의 대출 플랫폼이다. 에이브는 콤파운드와 달리 플래시론(Flash Loan)이라는 기능을 제공한다. 플래시론은 대출과 상환이 한 트랜잭션 안에서 이루어지는 방식으로, 별도의 담보 없이 대출을 받을 수 있다.

2020년

디파이의 폭발적인 성장의 해였다. 여러 디파이 프로젝트들이 새롭고 혁신적인 기능들을 제공하며 시장에 진입했다. 그중에서도 밸런서(Balancer), 연파이낸스(Yearn Finance), 유니스왑v2는 특히 주목받았다. 밸런서는 자신이 원하는 토큰과 비율로 유동성 풀을 구성하고, 거래 수수료를 받을 수 있는 프로토콜이다. 연파이낸스는 사용자의 자산을 최적의 수익률을 제공하는 다른 디파이 플랫폼으로 자동으로 이동시켜주는 프로토콜이다. 유니스왑v2는 유니스왑v1의 한계를 극복하고, 더 많은 토큰 조합과 보안성을 갖춘 프로토콜이다.

2021년

디파이 분야에서 새로운 프로젝트들이 많이 등장한 해였다. 그중에서도 유니스왑v3, 페그넷(PegNet), 토르체인(ThorChain)은 특히 주목할 만한 프로젝트들이다. 유니스왑v3는 유동성 공급자들이 가격 범위와 수수료 등급을 선택할 수 있게 해주고, 더 높은 자본 효율성과 낮은 슬리피지(Slippage)를 제공한다. 페그넷은 오라클(Oracle) 네트워크와 스테이블 코인 발행 프로토콜을 결합해서 다양한 암호화폐와 상품에 연동된 스테이블 코인을 만들고 거래할 수 있게 해준다. 토르체인은 크로스체인 스왑과 탈중앙화 거래소를 지원하는 블록체인 네트워크로, 선더코어(ThunderCore)와 폴카닷(Polkadot)과의 파트너십을 통해 다른 블록체인과의 호환성과 보안성을 강화한다.

2022년

디파이의 발전과 보급이 확대된 해였다. 더 많은 블록체인과 암호화폐가 디파이에 참여하고, 더 많은 사용자와 기관이 디파이를 이용했다. 비트코인과 솔라나와 같은 블록체인들이 디파이에 접속하기 위해 다양한 방법을 시도했다. 비트코인은 WBTC와 같은 토큰화된 비트코인을 이용하여 이더리움 네트워크에서 디파이 서비스를 이용할 수 있게 되었다. 솔라나는 자체적으로 빠르고 저렴한 거래를 가능하게 하는 블록체인으로, 레이디움(Raydium)과 같은 탈중앙화 거래소를 지원했다. 또한, 기관 투자자들도 디파이에 관심을 보였다. 예를 들어, JP모건체이스는 자신들의 클라이언트들에게 디파이 프로젝트에 대한 정보와 분석을 제공했다.

2023년

디파이가 새로운 금융 서비스와 모델을 탐구하고, 기존 금융 시스템과의 연동을 시도한 해였다. 또한, 디파이는 메타버스와 NFT와 같은 영역에서도 활용되기 시작했다. 디파이는 메타버스의 금융 생태계를 구축하는 데 기여했다. 디파이는 NFT를 통해 예술가들이 자신의 작품을 보호하고, 팬들과 소통하고, 수익을 창출할 수 있도록 도와주었다. 디파이는 NFT를 담보로 사용하거나 NFT의 유동성을 제공하는 서비스를 개발했다.

디파이의
주요 서비스와 플랫폼

디파이의 주요 서비스

디파이의 주요 서비스로는 다음과 같은 것들이 있다.

대출 및 예금

사용자들은 자신이 가진 암호화폐를 담보로 대출을 받거나 예금하여 이자를 받을 수 있다. 예를 들어, 에이브는 ETH, USDC, DAI 등 다양한 암호화폐를 예치하고 대출할 수 있는 플랫폼이다.

거래소

사용자들은 중앙화된 거래소가 아닌, 서로에게 직접 암호화폐를 거래할 수 있다. 예를 들어, 유니스왑은 ERC-20 토큰 간의 거래를 지원하는 탈중앙화된 거래소다. 사용자들은 자신이 가진 토큰을 예치하고,

다른 토큰으로 교환할 수 있으며, 예치한 토큰에 대한 거래 수수료를 받을 수 있다.

스테이블 코인

사용자들은 변동성이 높은 암호화폐의 단점을 보완하기 위해 법정화폐나 다른 자산과 연동된 스테이블 코인을 사용할 수 있다. 예를 들어, 메이커다오는 ETH와 같은 코인을 담보로 받고, 1DAI가 항상 1달러와 동일한 가치를 유지하는 스테이블 코인인 DAI를 발행한다.

일드 파밍(Yield farming)

사용자들은 자신이 가진 자산을 다양한 디파이 프로토콜에 예치하고, 최적의 수익률을 찾아주는 일드 파밍을 이용할 수 있다. 예를 들어, 연파이낸스는 사용자가 예치한 자산을 다른 디파이 프로토콜로 옮겨가며 최고의 수익률을 찾아주는 플랫폼이다. 사용자는 연 파이낸스에 자신의 자산을 한 번만 예치하면 되며, 일드 파밍의 결과로 얻은 수익은 자동으로 재투자된다.

보험

사용자들은 자신의 자산을 보호하기 위해 디파이에서 보험에 가입할 수 있다. 디파이 보험은 기존의 금융기관보다 더 저렴하고 효율적인 보험료를 제공한다. 예를 들어, 넥서스 뮤추얼(Nexus Mutual)은 스마트 컨트랙트의 오류나 해킹 등으로 인한 손실을 보상해주는 보험 플랫폼이다.

파생상품

사용자들은 암호화폐의 가격 변동에 따라 수익이나 손실이 결정되는 파생상품을 거래할 수 있다. 파생상품은 암호화폐의 실제 소유권이 아닌 암호화폐의 가격 움직임에 대한 거래권을 나타낸다. 예를 들어, 옵션, 선물, 스왑 등이 있다. 파생상품은 사용자들이 암호화폐의 가격 상승이나 하락에 베팅할 수 있도록 해주며, 리스크를 관리하거나 헤지(Hedge) 할 수 있도록 해준다.

서비스 종류에 따른 분류

디파이 플랫폼들은 제공하는 서비스의 종류와 적용된 기술에 따라 다음과 같이 분류할 수 있다.

대출/대차 플랫폼

이 플랫폼들은 사용자들이 암호화폐를 예치하거나 빌릴 수 있게 해주는 서비스다. 예치한 자산에 대해 이자를 받거나 빌린 자산에 대해 이자를 지불한다. 일반적으로 유동성 공급자와 유동성 수요자의 수요와 공급에 따라 이자율이 결정된다. 대출/대차 플랫폼의 예로는 에이브, 콤파운드, 메이커다오 등이 있다.

대출 및 예치 플랫폼	특징	장점	단점
에이브	이더리움 기반의 대출/대차 플랫폼	다양한 암호화폐를 예치하거나 빌릴 수 있음, 고정 이자율과 변동 이자율을 선택할 수 있음, 유동성 마이닝과 안정화 코인 마이닝을 통해 보상 제공, 플래시론, 신용 위임(Credit Delegation), 이자율 전환(Rate Switching) 등의 혁신적인 기능 제공.	스마트 계약의 버그나 해킹 가능성, 가스 비용이 높음, 대출 시 과도한 담보가 필요함, 이더리움 네트워크의 혼잡도와 가스 비용에 영향을 받음, 파생상품 거래를 지원하지 않음.
콤파운드	이더리움 기반의 대출/대차 플랫폼	다양한 암호화폐를 예치하거나 빌릴 수 있음, 유동성 공급자에게 보상 제공, c토큰(cToken)을 발행하여 예치한 자산을 다른 디파이 서비스에 사용할 수 있게 함.	스마트 계약의 버그나 해킹 가능성, 가스 비용이 높음, 대출 시 과도한 담보가 필요함, 파생상품 거래를 지원하지 않음.
메이커다오	이더리움 기반의 대출/대차 플랫폼	다양한 암호화폐를 예치하여 DAI라는 스테이블 코인을 발행할 수 있음, 다이 예치 보상률(DAI Savings Rate, DSR)을 통해 DAI 예치자에게 이자 제공, 오라클 시스템을 통해 DAI 가격을 안정적으로 유지.	스마트 계약의 버그나 해킹 가능성, DAI의 가치가 달러와 일치하지 않을 경우 MKR의 가치가 하락할 수 있음.

거래 플랫폼

이 플랫폼들은 사용자들이 암호화폐를 교환할 수 있게 해주는 서비스다. 중앙화된 거래소와 달리 주문서나 중개자가 없으며, 대신 유동성 풀과 자동화된 시장 메이커(Automated Market Maker, AMM) 프로토콜을 사용한다. 거래 플랫폼의 예로는 유니스왑, 스시스왑(SushiSwap), 그리고 팬케이크스왑(PancakeSwap) 등이 있다.

탈중앙화 거래소 플랫폼	특징	장점	단점
유니스왑	이더리움 기반의 거래 플랫폼	다양한 암호화폐를 교환할 수 있음, ERC-20 토큰의 유동성을 제공하는 선두주자, V3 버전에서 자본 효율성과 유동성 깊이를 개선.	스마트 계약의 버그나 해킹 가능성, 유동성 공급자에게 보상이 부족, 유동성이 부족한 토큰은 슬리피지가 발생할 수 있음.
스시스왑	이더리움 기반의 거래 플랫폼	유니스왑을 포크(Fork)하여 개발된 플랫폼, 유니스왑의 유동성을 인수하여 빠르게 성장, 여러 체인과 호환 가능.	스마트 계약의 버그나 해킹 가능성, 유니스왑과 비슷한 디자인과 기능을 가짐.
팬케이크스왑	바이낸스 스마트 체인(Binance Smart Chain) 기반의 거래 플랫폼	바이낸스 스마트 체인을 활용하여 빠르고 저렴한 거래 가능, 유니스왑과 비슷한 인터페이스와 사용법을 가짐, NFT 마켓, 예측 시장 등 재미있는 기능들이 많음.	스마트 계약의 버그나 해킹 가능성, 이더리움과 호환성이 떨어짐, 바이낸스의 영향력에 의존적일 수 있음.

파생상품 플랫폼

이 플랫폼들은 사용자들이 암호화폐의 가격 변동성에 기반한 파생상품을 거래할 수 있게 해주는 서비스다. 파생상품은 기초 자산의 가격에 비례하여 가치가 변하는 계약이며, 선물, 옵션, 스왑 등이 있다. 파생상품 플랫폼의 예로는 신세틱스(Synthetix), GMX, 그리고 dYdX 등이 있다.

파생상품 플랫폼	특징	장점	단점
신세틱스	이더리움 기반의 파생상품 플랫폼, 합성자산 발행 및 거래 플랫폼	신스(Synth)라는 파생상품 코인을 발행하고 거래할 수 있음, 오라클로부터 실시간 가격 정보를 받아옴. 주식, 금, 비트코인 등 다양한 자산의 파생상품을 제공.	스마트 계약의 버그나 해킹 가능성, 오라클의 신뢰성에 의존적임, 합성자산의 가격이 실제 자산과 차이가 날 수 있음.
GMX	이더리움 기반의 파생상품 플랫폼, 마진 거래 및 영구 계약 플랫폼	GMX라는 파생상품 코인을 발행하고 거래할 수 있음, 아비트럼 레이어2(Arbitrum Layer-2) 솔루션을 사용하여 확장성과 속도를 향상시킴, 무기한 선물 계약과 마진 거래 지원.	스마트 계약의 버그나 해킹 가능성, 아직 초기 단계의 프로젝트임.
dYdX	이더리움 기반의 파생상품 플랫폼, 마진 거래 및 영구 계약 플랫폼	dYdX라는 파생상품 코인을 발행하고 거래할 수 있음, 스타크웨어 레이어2(StarkWare Layer-2) 솔루션을 사용하여 확장성과 속도를 향상시킴, 선물, 옵션, 마진 거래 지원.	스마트 계약의 버그나 해킹 가능성, KYC 인증이 필요함, 이자율이 변동적임, 다른 자산에 대한 파생상품을 지원하지 않음.

보험 플랫폼

이 플랫폼들은 사용자들이 디파이 프로젝트에 대한 보장을 구매하거나 판매할 수 있게 해주는 서비스다. 보장은 스마트 계약의 버그나 해킹 등으로 인한 손실을 보상해주는 역할을 한다. 보험 플랫폼의 예로는 넥서스 뮤추얼과 커버 프로토콜(Cover Protocol) 등이 있다.

보험 플랫폼	특징	장점	단점
넥서스 뮤추얼	이더리움 기반의 보험 플랫폼, 탈중앙화된 상호 보장 협회	NXM이라는 보험 코인을 발행하고 거래할 수 있음, 다양한 디파이 프로젝트에 대한 보장을 구매하거나 판매할 수 있음, 보장 가격은 수요와 공급에 따라 결정됨, 거버넌스 참여 가능	스마트 계약의 버그나 해킹 가능성, KYC 인증이 필요함, 보장 청구 시 심사 과정이 복잡하고 오래 걸릴 수 있음.
커버 프로토콜	이더리움 기반의 보험 플랫폼, 탈중앙화된 보장 시장	커버(COVER)라는 보험 코인을 발행하고 거래할 수 있음, 다양한 디파이 프로젝트에 대한 보장을 구매하거나 판매할 수 있음, 보장 가격은 시장에 따라 결정됨, 유동성 공급자에게 보상 제공	스마트 계약의 버그나 해킹 가능성, 아직 초기 단계의 프로젝트임, 보장 청구 시 심사 과정이 복잡하고 오래 걸릴 수 있음.

기타 플랫폼

이러한 플랫폼들은 위의 카테고리에 속하지 않는 다양한 서비스를 제공한다. 예를 들어, 연파이낸스는 여러 디파이 프로젝트의 수익률을 최적화해주는 자동화된 전문가 시스템이다. 커브파이낸스(Curve Finance)는 스테이블 코인 간의 저렴하고 빠른 거래를 가능하게 해주는 자동화된 시장 메이커 프로토콜이다. 체인링크(Chainlink)는 블록체인과 외부 데이터를 연결해주는 분산화된 오라클 네트워크다.

기타 플랫폼	특징	장점	단점
연 파이낸스	이더리움 기반의 자동화된 전문가 플랫폼	YFI라는 자동화된 전문가 코인을 발행하고 거래할 수 있음, 여러 디파이 프로젝트의 수익률을 비교하고 최적화함, y볼트(yVault), y언(yEarn), y스왑(ySwap), y인슈어(yInsure) 등 다양한 서비스를 제공.	스마트 계약의 버그나 해킹 가능성, 가스 비용이 높음, 전략 변경 시 손실 위험.
커브 파이낸스	이더리움 기반의 거래 플랫폼	CRV라는 거래 코인을 발행하고 거래할 수 있음, 스테이블 코인 간의 저렴하고 빠른 거래를 가능하게 함, AMM 프로토콜을 사용하여 슬리피지를 최소화함.	스마트 계약의 버그나 해킹 가능성, 스테이블 코인 외의 다른 코인은 지원하지 않음.
체인링크	이더리움 기반의 오라클 네트워크 플랫폼	링크(LINK)라는 오라클 네트워크 코인을 발행하고 거래할 수 있음, 링크 거버넌스 토큰(LINK Governance Token)으로 거버넌스 참여 가능, 블록체인과 외부 데이터를 연결해주는 분산화된 오라클 네트워크 제공, 다양한 디파이 프로젝트와 파트너십을 맺음.	스마트 계약의 버그나 해킹 가능성, 오라클의 신뢰성에 의존적임, 오라클의 오류나 조작에 취약할 수 있음.

기술/메커니즘에 따른 분류

디파이 플랫폼들은 사용하는 기술과 메커니즘에 따라 다음과 같이 분류할 수 있다.

AMM 프로토콜을 사용하는 플랫폼

이러한 플랫폼들은 주문서나 중개자 없이 유동성 풀과 자동화된 시장 메이커(AMM) 프로토콜을 사용하여 거래를 가능하게 해주는 플랫폼이다. AMM 프로토콜은 유동성 공급자가 제공한 자산의 비율에 따라 거래 가격을 결정한다. AMM 프로토콜을 사용하는 플랫폼의 예로는 유니스왑, 스시스왑, 팬케이크스왑, 그리고 커브파이낸스 등이 있다.

ZK-롤업 기술을 사용하는 플랫폼

이러한 플랫폼들은 ZK-롤업(ZK-Rollup) 기술을 사용하여 블록체인의 확장성과 속도를 향상시키는 플랫폼이다. ZK-롤업 기술은 블록체인의 상태 변화를 일괄적으로 처리하고, 그 증명을 제로-지식 증명(Zero Knowledge-Proof)으로 압축하여 블록체인에 저장한다. 이렇게 하면 블록체인의 데이터와 연산량을 줄일 수 있다. ZK-롤업 기술을 사용하는 플랫폼의 예로는 루프링(Loopring), dYdX, 그리고 zk싱크(zkSync) 등이 있다.

거버넌스 토큰을 발행하는 플랫폼

이러한 플랫폼들은 자체의 거버넌스 토큰을 발행하고, 그 토큰을 가진 사용자들에게 거버넌스 권한과 보상을 제공하는 플랫폼이다. 거버넌스 토큰은 플랫폼의 파라미터나 방향성에 대해 투표할 수 있게 해주며, 유동성 공급자나 거래자에게 보상으로 지급된다. 거버넌스 토큰을 발행하는 플랫폼의 예로는 유니스왑, 스시스왑, 팬케이크스왑, 에이브, 콤파운드, 그리고 메이커다오 등이 있다.

기타 기술/메커니즘을 사용하는 플랫폼

이러한 플랫폼들은 위의 카테고리에 속하지 않는 다양한 기술과 메커니즘을 사용하는 플랫폼이다. 예를 들어, 신세틱스는 신스라는 파생상품 코인을 발행하고, 그 가격을 오라클로부터 받아오는 메커니즘을 사용한다. 넥서스뮤추얼은 보장 구매자와 판매자가 서로 평가하고 보상하는 메커니즘을 사용한다. 연파이낸스는 여러 디파이 프로젝트의 수익률을 비교하고 최적화하는 메커니즘을 사용한다.

앞에서 설명한 탈중앙화된 금융 서비스를 제공하는 디파이 플랫폼 가운데 최근에는 스테이킹(Staking) 플랫폼이 주목받고 있다. 스테이킹 플랫폼은 암호화폐를 네트워크의 보안과 합의에 기여하는 노드에 예치하고, 이에 대한 보상을 받는 플랫폼이다. 스테이킹 플랫폼은 사용자들이 직접 노드를 운영하거나 노드 운영자에게 위임할 수 있다. 스테이킹 플랫폼은 사용자들에게 예치한 암호화폐와 동일한 비율로 새로 발행된 암호화폐를 보상으로 주거나 수수료를 배분한다.

리도(LDO)와 로켓풀(RPL)은 리퀴드(Liquid) 스테이킹이라는 개념을 도입한 대표적인 스테이킹 플랫폼이다. 리퀴드 사용자들이 스테이킹에 참여하면서도 예치한 암호화폐의 유동성을 유지할 수 있도록 해주는 방식이다. 리퀴드 스테이킹은 사용자들에게 예치한 암호화폐와 일대일로 교환 가능한 리퀴드 스테이킹 토큰을 발급하고, 이 토큰을 다른 디파이 서비스에 사용할 수 있도록 해준다.

디파이는 아직 초기 단계에 있지만 빠르게 성장하고 있다. 새로운 디파이 서비스를 제공하는 플랫폼들이 지속적으로 개발되고 있다.

디파이는 기존의 금융 시스템에 비해 더 효율적이고 투명하고 개방적인 금융 서비스를 제공한다. 디파이는 암호화폐의 가격 변동, 스마트 계약의 취약점, 유동성 부족, 해킹 공격, 규제 변화 등의 위험 요인들에도 불구하고, 지속적으로 성장하고 있다. 또한 디파이 플랫폼은 서로 경쟁하고 협력하면서 다양한 기능과 서비스를 개발하고 있다. 앞으로 어떤 플랫폼이 더 많은 사용자와 자산을 유치하고, 더 안정적이고 혁신적인 프로토콜을 제공하고, 더 효과적인 거버넌스를 갖추는지에 따라서 플랫폼의 성공 여부가 달라질 수 있다.

디파이의 장점과 위험성

디파이의 장점

디파이는 장점과 위험성을 동시에 가지고 있는데, 장점은 다음과 같다.

첫째, 중개기관이 없기 때문에 국가나 금융기관의 제약을 받지 않는다. 따라서 사용자는 자신의 자산을 직접 관리할 수 있으며, 환전도 필요 없어 세계 어디서든 거래가 가능하다. 둘째, 모든 거래는 블록체인에 기록되어 투명성을 확보한다. 거래 내역은 누구나 열람할 수 있으며, 조작이나 사기가 어렵다. 셋째, 누구나 쉽게 계좌를 개설하고 이용할 수 있다. 시간이나 공간에 제약 받지 않고 언제 어디서나 사용할 수 있으며, 거래 시 발생하는 수수료도 저렴하다. 넷째, 복잡한 절차와 서류 인증이 필요 없어 거래 시간이 단축되고 효율성이 증가한다. 다섯째, 디파이는 다양한 금융 상품과 서비스를 제공하여 사용자의 선택권을 넓혀준다. 여섯째, 블록체인 기술을 활용하여 사용자 친화적인 서비스를 제공한다. 제작 비용 절감, 서비스 이용 간편화 등 매우 합리적인 효과를 창출할 수 있다. 일곱째, 기존의 금융 인공지능을 활용하여 시스템을 혁신하고, 새로운 금융 생태계를 구축할 잠재력을 가지고 있다.

디파이의 단점

중개기관 없이 사용자들이 직접 자산을 관리하고 거래할 수 있는 디파이는 기존의 금융 시스템에 비해 많은 장점을 가지고 있지만 그만큼 위험성도 존재한다. 디파이의 위험성은 다음과 같다.

첫째, 블록체인 기술의 결함 및 보안 문제로 인해 해킹이나 자금 유출 등의 위험에 노출될 수 있다. 둘째, 디파이는 아직 명확한 규제가 확립되지 않아 법적 보호가 부족하다. 셋째, 아직 시장 규모가 크지 않아 유동성이 적다. 거래량이 부족하거나 유동성 공급자가 부족하면 가격 변동성이 커지거나 슬리피지가 발생할 수 있다. 넷째, 가상 화폐를 기반으로 하기 때문에 가격 변동성이 높다. 시장 상황에 따라 가상 화폐의 가치가 급등락할 수 있으며, 이에 따라 이자율이나 담보 비율 등도 변동될 수 있다. 다섯째, 신뢰할 수 있는 중개기관이 없기 때문에 사용자가 스스로 거래의 신뢰도를 판단해야 한다. 디파이의 거래는 되돌릴 수 없기 때문에 신중한 결정이 필요하다. 여섯째, 스마트 계약(Smart Contract)이라는 프로그래밍 코드로 된 룰을 따른다. 하지만 이 룰은 해킹이나 오류에 취약할 수 있으며, 블록체인 네트워크의 신뢰성도 보장되지 않는다.

디파이에서 금융 리스크나 보안상의 문제가 발생했을 때 책임소재가 불분명하므로 사용자들은 자신의 자산을 보호하기 위해 주의를 기울여야 한다.

이와 같은 디파이는 위험성과 단점들 가운데에서도 특히 보안 문제가 매우 중요하다. 디파이의 보안 문제는 크게 세 가지로 나눌 수 있다.

디파이를 만드는 프로그램의 실수

디파이를 만들고 운영하는 프로그램을 스마트 계약이라고 한다. 스마트 계약은 블록체인에서 자동으로 동작하는 프로그램인데, 사람이 만드는 것이기 때문에 실수나 오류가 있을 수 있다. 그리고 그 실수나 오류를 이용해서 돈을 훔치는 사람들이 있다.

디파이 서비스끼리의 영향

디파이 서비스는 서로 다른 서비스와 연결되어 있다. 예를 들어 돈을 빌려주고 받는 서비스와, 돈을 바꾸거나 거래하는 서비스와, 돈을 투자하거나 벌 수 있는 서비스와 같은 것들이다. 이런 서비스들은 서로 잘 어울리면서 새로운 서비스를 만들 수 있다. 그러나 이런 서비스들이 서로 영향을 주고받으면서 예상하지 못한 문제가 생길 수도 있다. 그리고 그 문제를 이용해서 돈을 훔치는 사람들이 있다.

사용자의 실수나 부주의

디파이 서비스를 사용하는 사람들은 자신의 돈과 거래에 대해 모두 책임져야 한다. 그러나 디파이 서비스는 아직 쉽고 간단하게 사용할 수 있는 것은 아니고, 복잡하고 어렵기 때문에 사용자들이 실수하거나 부주의할 수 있다. 예를 들어, 사용자들은 자신의 돈을 관리하는 비밀번호나 단어를 잊어버리거나, 속임수에 당하거나, 비용을 잘못 계산하거나, 주소를 잘못 적거나, 거래 조건을 잘못 이해하거나 하는 등의 실수나 부주의로 인해 돈을 잃을 수 있다.

디파이의 보안 문제 해결방안

디파이의 보안 문제를 해결하는 데는 다음과 같은 방법이 필요하다.

스마트 컨트랙트의 오류나 버그를 검증하고 수정하는 인공지능 기술을 활용하는 것이다. 인공지능 기술을 사용하면 스마트 컨트랙트의 코드를 분석하고 테스트하여 오류나 버그를 식별하고 이를 수정할 수 있다.

사용자의 개인정보나 자산을 보호하고 관리하는 인공지능 기술을 활용하는 것도 중요하다. 인공지능은 사용자의 거래 행태나 패턴을 학습하여 비정상적인 거래나 공격을 감지하고 차단하는 데에 도움이 된다.

디파이 서비스에서 발생할 수 있는 위험을 줄이기 위해 보험, 자산 복구, 보안 지갑과 같은 서비스를 활용할 수 있다. 예를 들어, 보험 서비스는 디파이 서비스에서 스마트 컨트랙트의 오류나 해킹으로 인해 돈을 잃으면 이를 보상해준다. 자산 복구 서비스는 디파이 서비스에서 실수로 돈을 잘못 보내는 경우에도 해당 금액을 되돌려준다. 보안 지갑 서비스는 사용자의 돈을 안전하게 보호하고 편리한 거래를 도와주는 서비스다.

이러한 방법들을 적절히 활용하면 디파이의 보안을 강화하고 사용자의 신뢰와 편의를 높일 수 있다.

다양한 디파이 문제 해결방안

현재 디파이는 아직 많은 문제들을 안고 있다. 이러한 문제들을 극복하고 디파이를 보다 더 많은 사람들에게 인정받고 사용되기 위해서는 다음과 같은 방법들이 필요하다.

첫째, 디파이 서비스들 간의 원활한 연결을 위한 규칙과 방법을 만들고 적용해야 한다. 둘째, 안전하고 신뢰할 수 있는 디파이 서비스를 위해 프로그램에 오류가 없는지 확인하고 보상해주는 서비스 등을 제공해야 한다. 셋째, 사용자들이 쉽고 편리하게 디파이 서비스를 이용할 수 있도록 화면과 경험을 개선하고 다양한 기기와 환경에서 잘 작동하도록 지원해야 한다. 넷째, 디파이 서비스에 대한 법적인 규칙과 표준을 만들어야 한다. 이를 통해 디파이의 정의와 법적 인정을 확립하고 규제를 적용해야 한다. 다섯째, 국내외에서 디파이를 발전시키기 위한 단체를 조직하고 활동해야 한다.

이렇게 디파이의 표준화 방안을 적절히 실행한다면 디파이는 더욱 안전하고 신뢰할 수 있는 서비스로 성장할 수 있으며, 사용자들에게 보다 쉽고 편리한 금융 서비스를 제공할 수 있을 것이다.

디파이와 인공지능의 융합

블록체인과 인공지능은 4차 산업혁명의 핵심 기술로서, 금융산업에도 많은 혁신과 변화를 가져오고 있으며,. 앞으로도 금융을 혁신하고 새로운 가치와 가능성을 제공할 수 있다.

인공지능이 전통금융시스템의 혁신을 가져온 다양한 사례

지금까지 인공지능은 전통 금융기관들의 금융서비스를 획기적으로 개선했다. 다음은 인공지능이 전통금융시스템의 혁신을 가져온 다양한 사례들이다.

결제 및 송금

인공지능은 음성 인식, 자연어 처리, 감정 분석 등의 기능을 통해

을 주는 방식이다. 인공지능은 자산 공급자들에게 최고의 수익률과 위험을 알려주고, 자산 공급의 효율성과 안전성을 평가하고, 자산 공급의 방법을 개선해준다.

대출

블록체인상에서 자산을 담보로 하여 돈을 빌리거나 빌려주는 서비스다. 인공지능은 대출자의 신용도를 평가하고, 담보의 가치를 모니터링 하고, 채무 불이행을 예방하고, 이자율을 조정한다.

거래

블록체인상에서 가상자산을 사고 파는 서비스다. 인공지능은 가상자산의 가격 변동을 실시간으로 감지하고, 최적의 거래 전략을 제시하고, 탈중앙화 거래소에서 자동으로 거래를 실행한다.

맞춤형 서비스 제공

인공지능은 사용자의 금융 데이터를 분석하여 개인화된 금융 서비스를 제공할 수 있다. 예를 들어, 인공지능은 사용자의 소비 패턴을 분석하여 적절한 투자 상품을 추천할 수 있다.

보안 및 사기 방지

인공지능은 거래 데이터를 분석하여 사기를 감지할 수 있다. 이로 인해 디파이 생태계의 안전성이 향상될 수 있다. 또한 인공지능은 디파이의 보안 문제를 탐지하고, 해결하기 위한 방안을 제시하고, 보안 강화를 위한 업데이트를 수행할 수 있다.

새로운 금융 상품 개발

인공지능은 새로운 금융 상품을 개발하는 데 사용될 수 있다. 예를 들어, 인공지능은 사용자의 투자 성향을 분석하여 적절한 암호화폐 포트폴리오를 생성할 수 있다.

서비스 접근성 및 확장성 증진

인공지능은 디파이의 접근성과 확장성을 증진시킬 수 있다. 예를 들어, 인공지능은 디파이의 사용자들에게 맞춤형 서비스와 교육을 제공하고, 사용자 경험과 만족도를 향상시킬 수 있다. 또한 인공지능은 디파이의 서비스와 생태계를 다양화하고, 혁신적인 서비스와 제품을 개발하고, 글로벌 시장에 진출할 수 있도록 돕는다.

예측 시장

미래에 무슨 일이 일어날지 돈을 거는 곳이다. 인공지능은 미래의 가능성을 계산하고, 어떻게 거는 것이 좋은지 알려준다.

거래 투명성 및 신뢰성 강화

인공지능은 디파이의 투명성과 신뢰성을 강화할 수 있다. 예를 들어, 인공지능은 블록체인에 기록된 거래 데이터를 분석하고, 거래 참여자들의 신용도와 위험도를 평가하고, 거래 결과에 대한 검증과 평가를 제공할 수 있다.

이와 같이 디파이와 인공지능이 함께하면 더 많은 사람들이 더 좋은 금융 서비스를 받을 수 있을 것이다.

미래의 금융혁신 방향

디파이는 전통 금융과 비교하여 많은 장점을 가지고 있다. 디파이는 더욱 투명하고 개방적인 금융 생태계를 만들어준다. 또한 더 많은 사용자와 자금을 유치하고, 더 많은 혁신과 다양성을 제공하면서 전통 금융보다 더 나은 서비스와 가치를 창출할 수 있다.

그러나 디파이는 완전히 새로운 것이 아니다. 다만, 전통 금융에서 사용되는 개념들을 블록체인과 스마트 컨트랙트를 통해 재창조하고 있는 것이다. 예를 들어, 디파이에서는 대출, 저축, 보험, 거래소 등의 서비스를 제공한다. 이러한 서비스들은 전통 금융에도 존재한다. 그렇다면 디파이는 어떻게 발전할까? 이에 대한 확실한 답변은 없지만 가능한 두 가지 시나리오를 제시할 수 있을 것이다.

첫 번째 시나리오는 디파이가 더욱 탈중앙화를 이루어서 정부의 규제를 피하고 독자적으로 성장하는 것이다. 이 경우에는 디파이가 전통 금융과 경쟁하거나 협력하는 대신, 자신들만의 독립적인 금융 시장

디파이와 전통 금융기관의 협력 사례

이러한 협력은 이미 대출, 무역금융, 디지털 자산운용, 보험, 공동 투자, 기술 교류 등의 분야에서 이루어지고 있다. 다음은 디파이와 전통 금융기관의 협력 사례들이다.

대출

은행들이 디파이 플랫폼과 협력하여 고객에게 저렴하고 편리한 대출 서비스를 제공하는 사례들은 다음과 같다.

JP모건체이스는 에이브와 협력하여 암호화폐 대출 상품을 출시했다. 이 상품은 암호화폐를 보유한 고객들이 에이브를 통해 암호화폐를 담보로 대출을 받을 수 있도록 한다. 이 협력은 고객들에게 저렴하고 편리한 대출 서비스를 제공하는 동시에, 에이브의 유동성과 JP모건체이스의 신용을 결합하여 안정성을 높여준다.

골드만삭스는 메이커다오와 협력하여 DAI를 발행하는 상품을 출시했다. 이 상품은 DAI를 사용하여 자금을 조달하거나 투자할 수 있도록 한다. 이 협력은 고객들에게 안정적이고 유연한 자금 관리 서비스를 제공하며, 메이커다오의 스마트 컨트랙트와 골드만삭스의 자금을 결합하여 신뢰성을 강화한다.

모건스탠리(Morgan Stanley)는 콤파운드와 협력하여 암호화폐 대출 상품을 출시했다. 이 상품은 암호화폐를 보유한 고객들이 콤파운드를 통해 암호화폐를 담보로 대출을 받을 수 있도록 한다. 이 협력은 고객들에게 안전하고 투명한 대출 서비스를 제공하며, 콤파운드의 높은 이자율과 모건스탠리의 신뢰성을 결합하여 매력적인 대출 옵션을 제공한다.

UBS는 신세틱스와 협력하여 금과 달러를 토큰화한 상품을 출시했다. 이 상품은 금과 달러를 토큰화하여 투자를 할 수 있도록 한다.

무역 금융

무역 금융은 국제무역에서 발생하는 위험을 최소화하고 자금을 조달하는 과정을 의미한다. 이 과정에서는 다양한 서류와 인증이 필요하며, 중개기관의 역할이 중요하다. 그러나 디파이를 활용하면 블록체인 기반의 스마트 계약과 토큰화를 활용하여 서류 인증과 결제를 자동화하고, 신뢰성과 투명성을 제공할 수 있다.

HSBC와 ING는 2018년에 블록체인 기반의 무역 금융 플랫폼인 볼트론(Voltron)을 통해 성공적으로 송장 거래를 완료했다. 이 협력을 통해 고객들에게 더 빠르고 저렴한 무역 금융 서비스를 제공할 수 있었으며, 볼트론의 탈중앙화된 네트워크와 HSBC와 ING의 글로벌 네트워크를 결합하여 효율적인 거래를 이끌어냈다.

디파이를 통한 무역 금융은 기존의 복잡한 프로세스를 단순화하고, 인증과 결제를 자동화하여 빠르고 효율적인 거래를 가능하게 한다. 블록체인 기술을 활용하면 거래 데이터가 변경되지 않고 기록되므로 신뢰성과 안정성이 강화되며, 모든 관련 당사자들이 거래 내역을 투명하게 확인할 수 있다. 이러한 혁신적인 접근 방식은 무역 금융 분야에서 새로운 기회를 제공하며, 글로벌 무역 환경을 더욱 혁신적으로 변화시킬 수 있다.

디지털 자산 운용

디지털 자산 운용은 가상 자산을 효과적으로 관리하고 수익을 창출하는 과정을 의미한다. 이러한 운용은 디파이 서비스들을 다양하게 활용할 수 있다. 스테이킹, 예치, 대출, 파밍 등의 방법으로 이자 수익을 얻거나, 탈중앙화 거래소나 파생상품 플랫폼에서 거래 수익을 창출하는 것이 가능하다. 또한 전통 금융기관들도 자체의 노하우와 인프라를 활용하여 디지털 자산 운용 서비스를 제공할 수 있다.

코인베이스(Coinbase)와 피델리티 인베스트먼트(Fidelity Investments)는 기관 투자자들을 대상으로 디지털 자산 운용 서비스를 제공하고 있다. 이를 통해 고객들에게 안전하고 전문적인 디지털 자산 운용 서비스를 제공하며, 코인베이스와 피델리티 인베스트먼트는 자사의 디파이 플랫폼과 전통금융 플랫폼을 연동하여 더욱 강화된 서비스를 제공한다. 이러한 연동은 디지털 자산 운용 분야에서 새로운 기회를 제공하며, 디지털 자산 투자에 대한 접근성과 신뢰성을 향상시킨다. 디파이와 전통금융의 결합은 새로운 시너지를 발생시키며, 디지털 자산 시장의 성장과 발전에 기여한다.

보험

보험은 개인이나 기관이 재산상의 손실이나 위험에 대비하기 위해 보험사와 계약을 맺고, 보험료를 납부하고, 보험금을 받는 금융 서비스다. 그러나 보험은 복잡한 절차, 비용, 비효율성, 사기 등의 문제점을 가지고 있다. 디파이는 이러한 문제점을 해결할 수 있다.

디파이를 통해 스마트 컨트랙트를 사용하여 보험 계약을 자동화하고, 보험 내역을 신뢰성 있게 블록체인에 기록할 수 있다. 또한 탈중앙화 거래소를 활용하여 보험료나 보험금을 효율적으로 결제할 수 있다.

프랑스의 글로벌 보험 회사인 AXA는 2017년에 블록체인 기반의 비행 지연 보험 서비스인 피지(Fizzy)를 출시했다. 피지는 스마트 컨트랙트를 통해 비행 지연 여부를 자동으로 확인하고 보상금을 즉시 지급하는 서비스로, 전통적인 보험 절차에서 발생하는 복잡성과 비용을 줄이고, 고객의 만족도와 신뢰도를 높였다.

미국의 글로벌 보험 회사인 메트라이프(MetLife)는 2019년에 싱가포르에서 블록체인 기반의 임신 합병증 보험 서비스인 비타나(Vitana)를 출시했다. 비타나는 스마트 컨트랙트를 통해 임신 합병증 여부를 자동으로 확인하고, 보상금을 즉시 지급하는 서비스로, 임산부들에게 간편하고 저렴한 보험 서비스를 제공하며, 의료 데이터의 투명성과 안전성을 보장한다.

독일의 글로벌 보험 회사인 알리안츠(Allianz)는 2019년에 블록체인 기반의 자동차 보험 서비스인 오토-온-체인(Auto-on-Chain)을 출시했다. 오토-온-체인은 스마트 컨트랙트를 통해 자동차 사고 여부를 자동으로 확인하고, 보상금을 즉시 지급하는 서비스로, 자동차 운전자들에게 신속하고 정확한 보험 서비스를 제공하며, 사기나 오류의 가능성을 줄이는 데 도움을 주었다.

디파이를 활용한 이러한 사례들은 기존 보험 시장에서 발생하는 문제들을 해결하고, 더욱 혁신적이고 효율적인 보험 서비스를 제공하는 데 기여하고 있다.

공동 투자

디파이 플랫폼과 전통 금융기관은 서로 공동 투자를 통해 디파이 플랫폼의 성장을 지원할 수 있다. 이러한 공동 투자는 상호 협력을 강화하고 각각의 강점을 결합하여 더욱 강력한 금융 서비스를 제공할 수 있는 기회를 제공한다.

은행은 디파이 플랫폼에 투자함으로써 디파이 플랫폼의 보안을 강화하고, 고객의 자산을 보호하는 데 도움이 된다. 은행의 자금과 전문성을 활용하여 디파이 플랫폼의 안전성과 신뢰성을 높일 수 있다. 디파이 플랫폼은 은행의 자금이나 신용을 활용하여 자신의 서비스를 안정화하고 확장할 수 있다. 디파이 플랫폼은 은행과 협력하여 금융 시장에서 더 큰 영향력을 발휘하고, 더 다양한 서비스를 제공할 수 있다.

ING은행은 에이브, 콤파운드, 메이커다오와 같은 디파이 플랫폼들과 협력하여 공동 투자를 진행하고 있다. 이러한 협력은 디파이와 전통금융의 시너지를 발휘하며, 더 나은 금융 서비스를 제공하는 데 기여한다. 씨티그룹(Citigroup)과 같은 글로벌 금융기관도 에이브, 콤파운드, 메이커다오 디파이 플랫폼들과 함께 공동 투자를 통해 디파이 생태계를 발전시키고 있다.

이러한 공동 투자는 디파이와 전통 금융 간의 협력을 장려하며, 글로벌 금융 시장의 혁신과 성장을 촉진하는 데 큰 역할을 한다.

기술 교류

디파이 플랫폼과 전통 금융기관은 서로 기술을 교류하여 새로운 금융 서비스를 개발할 수 있다.

은행은 디파이 플랫폼의 기술을 활용하여 블록체인 기반의 새로운 금융 서비스를 개발할 수 있다. 디파이의 탈중앙화와 보안성을 활용하여 은행은 더욱 안전하고 투명한 금융 거래를 구현할 수 있다. 또한 디파이의 스마트 컨트랙트 기술을 활용하여 복잡한 금융 프로세스를 자동화하고, 빠른 거래 처리를 가능하게 할 수 있다.

디파이 플랫폼은 은행의 기술을 활용하여 전통적인 금융 서비스와 연동하거나 개선할 수 있다. 디파이의 유연성과 개방성을 활용하여 은행과의 연결성을 높이고, 전통적인 금융 서비스의 편리성과 안정성을 제고할 수 있다. 예를 들어, 디파이는 은행의 결제 시스템과 연동하여 디지털 자산을 보다 쉽고 빠르게 전환하거나, 금융 거래를 신속하게 처리하는 데 도움을 줄 수 있다.

HSBC와 에이브, 그리고 JP모건체이스와 콤파운드는 기술 교류를 통해 새로운 금융 서비스를 개발하고 있다. 디파이는 전통 금융기관들에게 새로운 금융 상품들을 개발할 수 있는 무한한 가능성을 제공한다. 디파이를 통해 고객들은 더욱 다양하고 편리한 금융 서비스를 이용할 수 있으며, 전통 금융기관들은 고객들의 만족도와 충성도를 향상시킬 수 있다. 또한 디파이는 전통 금융기관들이 디파이 생태계에 참여하고, 자신들의 경쟁력과 수익성을 강화할 수 있는 기회를 제공한다.

미래의 금융혁신

블록체인과 인공지능은 금융산업에 새로운 가능성을 열고 있다. 이 두 가지 기술의 조합은 혁신적인 '디파이'라는 새로운 금융 패러다임을 만들어냈다.

디파이는 금융 고객에게 많은 이점을 제공한다. 디파이를 활용하면 고객은 더 다양하고 편리한 금융 상품들을 경험할 수 있다. 예를 들어, 고객은 자신의 자산을 다양한 디파이 프로토콜에 예치하여 수익을 창출할 수 있으며, 복잡한 심사나 제한 없이 쉽게 대출을 받거나 주식이나 암호화폐 등 다양한 자산들을 거래할 수 있으며, 스마트 컨트랙트를 통해 보장되는 보험 서비스를 이용할 수 있다. 또한 고객은 자신의 개인정보와 재산권을 보호받으며, 중개자의 수수료나 지연 없이 신속하고 저렴하게 거래를 완료할 수 있다.

디파이는 전통 금융기관에게도 새로운 기회를 제공한다. 전통 금융기관은 디파이 생태계에 참여하여 고객의 만족도와 충성도를 높이며, 디파이 생태계에 기여하고, 자신들의 경쟁력과 수익성을 향상시킬 수 있다. 예를 들어, 전통 금융기관은 자신의 금융 상품과 서비스를 디파이 프로토콜과 연동하여 고객에게 더 많은 선택권과 혜택을 제공할 수 있으며, 디파이 프로토콜의 유동성과 보안성을 강화하기 위해 자신의 자산을 예치하거나 대출할 수 있으며, 디파이 프로토콜의 거버넌스에 참여하여 의사결정과 혁신에 기여할 수 있다.

디파이는 미래의 금융혁신 방향을 제시하고 있다. 블록체인과 인공지능 기술의 발전과 협력을 통해, 디파이는 더욱 혁신적이고 효율적이고 공정한 금융 생태계를 만들어낼 수 있다. 디파이는 금융 고객과 전통 금융기관 모두에게 새로운 가치와 가능성을 제공하며, 금융산업의 변화와 성장을 촉진하고 있다. 디파이는 우리 모두의 금융 미래를 밝게 비추고 있다.

4장

디지털 자산 혁명

Convergence of blockchain
and artificial intelligence

NFT와 증권토큰의 이해

우리는 이제 디지털화된 세상에서 살아가고 있으며, 이 디지털 세상 속에서 다양한 형태의 가치를 창출하고 있다. 디지털 자산으로의 토큰화란 물건이나 돈 같은 자산을 블록체인에 디지털 증표로 만드는 것이다. 이렇게 하면 자산을 쉽게 이전, 거래, 분할소유 할 수 있다. 디지털 자산으로 토큰화된 자산들은 주식, 채권, 부동산, 예술작품, 광물, 식품 등 다양한 종류가 있다.

디지털 자산은 크게 두 가지 종류로 나눌 수 있다. 하나는 대체 가능한 토큰(Fungible Token)이고, 다른 하나는 대체 불가능한 토큰(Non-Fungible Token)이다. 대체 가능한 토큰은 서로 동일한 가치와 성질을 가지며, 상호 교환할 수 있는 토큰이다. 대체 가능한 토큰 중에서도 증권토큰(Security Token, 디지털 RWA)과 유틸리티 토큰(Utility Token)으로 구분할 수 있다. 증권토큰은 주식, 채권, 파생상품 등의 재무적인 권리나 혜택을 나타내는 토큰이다. 증권토큰은 증권법에 따라 발행과 거래가 규제된다.

유틸리티 토큰은 어떤 서비스나 제품에 접근하거나 이용할 수 있는 권한을 나타내는 토큰이다.

디지털 자산은 현재와 미래의 디지털 세상에서 중요한 역할을 할 것으로 예상된다. 세계 최대의 자산운용사 블랙록(Blockrock)의 최고경영자(CEO) 래리 핑크(Larry Fink)는 2023년 1월 14일 CNBC와의 인터뷰에서 "앞으로 많은 실물자산들이 디지털 자산으로 토큰화될 것"이라고 전망했다. 그는 "블록체인 기술은 자산을 토큰화하고 거래를 안전하고 효율적으로 할 수 있는 새로운 방법을 제공한다"며 "이러한 기술이 발전함에 따라 많은 실물자산들이 디지털 자산으로 토큰화될 것"이라고 말했다. 또한 "블록체인 기술은 금융 서비스 산업의 혁명을 가져올 수 있다"고 말했다. 그뿐만 아니라 "기후 위기가 자산운용 방식을 근본적으로 바꾸고 있다"고도 말했다. 따라서 디지털 자산에 대한 이해와 관심은 우리가 디지털 세상에서 살아가는 데 필수적이다.

NFT와 증권토큰은 둘 다 블록체인 기술을 기반으로 하는 디지털 자산이다. 그러나 이 두 가지는 그 성격과 용도에서 큰 차이를 보인다. 이를 이해하는 것은 디지털 자산을 이해하고 활용하는 데 필요한 기본이 될 수 있다.

NFT란?

NFT는 'Non-Fungible Token'의 줄임말로, '비대체성 토큰'이라는 뜻이다. 여기서 '비대체성'이란 한 가지의 것을 다른 것으로 바꿀 수 없다는 뜻이다. 예를 들어, 우리가 사용하는 화폐는 대체성이 있는 것이다. 동일한 가치를 가진 화폐는 서로 대체 가능하며, 특정 개체의 화폐를 다른 개체의 화폐로 바꿔도 그 가치는 변하지 않는다. 반면에 한정판 그림이나 유명인의 사인 등은 그 자체로 특별한 가치를 가지며, 다른 것으로 바꿀 수 없다. 이런 것들이 바로 '비대체성'을 가진다고 볼 수 있다.

NFT는 이러한 비대체성의 개념을 디지털 세상으로 가져온 것이다. NFT는 블록체인에 기록되는 고유한 식별자(Identifier)와 메타데이터(Metadata)를 가지며, 이를 통해 특정 디지털 자산의 소유권과 인증을 증명할 수 있다. NFT의 가장 큰 특징은 각각의 NFT가 고유하다는 것이다. 즉, 각 NFT는 다른 NFT와 구분되며, 그 자체로 특별한 가치를 가진다.

NFT는 주로 디지털 아트, 음악, 동영상, 게임 아이템 등의 창작물을 표현하고 거래하는 데 사용된다. 예를 들어, 디지털 아티스트가 자신의 작품을 NFT로 만들어 판매할 수 있다. 이러한 경우, 작품의 NFT는 그 작품의 소유권을 나타내며, 작품의 구매자는 NFT를 통해 작품의 정당한 소유자임을 증명할 수 있다. 또한 NFT는 블록체인에 기록되며 그 정보는 변조되거나 삭제될 수 없으므로, 소유권과 인증의 신뢰성을 보장한다.

결국, NFT의 이해는 우리가 현재와 미래의 디지털 세상을 이해하고, 그 안에서 살아가는 데 필요한 지식이다. 이러한 디지털 자산의 이해와 활용은 우리 모두에게 더욱 풍요롭고 창조적인 삶을 가능하게 할 것이다. 그러므로, NFT에 대한 이해는 더 이상 선택이 아니라 필요한 것이 되었다고 할 수 있다.

NFT의 장점은 다음과 같다. 첫째, 창작자는 자신의 작품을 디지털화하고 블록체인에 올려서 영구적으로 보호할 수 있다. 둘째, 창작자는 자신의 작품을 직접 판매하거나 경매에 참여하여 수익을 얻을 수 있다. 셋째, 구매자는 자신이 구매한 작품의 소유권과 진위를 증명할 수 있다. 넷째, 구매자는 자신이 구매한 작품을 다시 판매하거나 교환할 수 있다.

NFT의 단점은 다음과 같다. 첫째, NFT는 블록체인에 저장되기 때문에 발행과 거래에 많은 비용과 시간이 소요된다. 둘째, NFT는 저작권 침해나 사기 등의 법적 문제가 발생할 수 있다.

증권토큰이란?

기존에 익숙했던 부동산, 주식, 채권과 같은 실물 자산의 이해 방식에서 벗어나 디지털 형태로 표현되는 새로운 형태의 자산, 즉 '증권토큰'에 대해 깊이 이해할 필요가 있다. 이러한 변화는 기술의 발전, 특히 블록체인 기술의 발전을 통해 가능해진 것으로, 그 중요성과 의미는 우리의 경제, 사회구조, 그리고 우리의 생활에까지 광범위하게 영향을 미치게 될 것이다.

블록체인 기술은 혁신적인 금융 서비스를 가능하게 하는 핵심 요소 중 하나다. 그러나 블록체인과 관련된 용어들은 종종 혼동되거나 오용되기도 한다. 다음은 블록체인 기술과 연관된 세 가지 금융 용어들의 의미와 차이점을 설명한다.

증권토큰은 전통적인 증권에 해당하는 권리를 블록체인 기반의 토큰으로 표현한 것이다. 이 토큰은 증권법에 따라 규제되며, 주식, 채권, 부동산 등과 같은 다양한 자산을 대표할 수 있다. 또한, 토큰의 특성에 따라 추가적인 기능이나 조건을 프로그래밍 할 수 있다.

토큰화 증권(Tokenized Security)은 오프체인(Off-chain) 증권의 디지털 표현으로, 블록체인 네트워크에서 저장 · 판매 · 교환할 수 있다. 오프체인 증권과 동일하게 작동하지만 더 나은 시장 접근성과 유동성을 제공한다.

RWA (Real World Asset)는 물리적이거나 법적으로 존재하는 자산을 의미하며, 부동산, 예술작품, 금융 상품 등이 될 수 있다. 이러한 자산들은 블록체인에 토큰화되어 디지털 자산으로 전환될 수 있다.

이러한 상품들은 더 많은 투자자들에게 금융 시장에 접근할 수 있는 기회를 제공할 수 있다.

토큰화(Tokenization)란 어떤 자산을 디지털 토큰 형태로 변환하는 과정을 말한다. 이렇게 변환된 디지털 토큰은 그 자산의 소유권을 나타내며, 블록체인이라는 기술을 이용하여 안전하게 관리된다. 이때, 주식, 채권, 부동산 등의 실물 자산을 토큰화하는 것을 '디지털 RWA' 혹은 '증권토큰'이라고 부른다.

이런 증권토큰의 중요성은 크게 세 가지로 나눌 수 있다.

첫째, 증권토큰은 더욱 빠르고 효율적인 거래를 가능하게 한다. 기존의 실물 자산 거래는 중개인을 통해 이루어지는 경우가 많았고, 이로 인해 거래 과정이 복잡하고 시간이 오래 걸리는 경우가 많았다. 그러나 증권토큰은 블록체인 기술을 이용하여 투명하고 신뢰할 수 있는 거래를 가능하게 하므로, 중개인 없이도 자산을 안전하게 거래할 수 있다.

이로 인해 거래 과정은 더욱 간소화되고, 거래 시간도 크게 단축될 수 있다.

둘째, 증권토큰은 글로벌 자산 거래를 가능하게 한다. 실물 자산은 그 특성상 지역적인 제약을 받는 경우가 많다. 예를 들어, 한 나라에서 발행된 주식이나 채권은 그 나라의 법률과 시스템에 의해 제약을 받을 수 있다. 그러나 증권토큰은 이런 지역적인 제약을 크게 줄일 수 있다. 디지털 형태의 자산이므로, 인터넷이 연결된 어디에서든 거래할 수 있으며, 블록체인 기술의 특성상 국가 간 거래에서 발생할 수 있는 신뢰 문제를 해결할 수 있다.

셋째, 증권토큰은 다양한 형태의 자산을 토큰화할 수 있다는 장점을 가지고 있다. 주식, 채권, 부동산뿐만 아니라 예술작품, 지식재산권 등 다양한 형태의 자산을 토큰화할 수 있다. 이로 인해 보다 다양한 형태의 자산을 거래하고, 투자하고, 활용할 수 있게 된다. 이는 자산의 다양성을 높이고, 새로운 투자 기회를 제공하는 것뿐만 아니라, 자산의 가치를 보다 정확하게 평가하고 관리하는 데에도 도움을 줄 수 있다.

증권토큰의 장점은 다음과 같다.

첫째, 간편성이다. 원래 증권 거래 시에는 자금을 조달하고 국가 심사를 통과하기 위해 많은 비용과 시간을 소모해야 했다. 하지만 증권토큰 거래는 블록체인 네트워크 내에서 스마트 계약을 통해 이루어지기 때문에 자금 조달과 심사 등 복잡한 절차를 거칠 필요가 없다. 거래가 획기적으로 간편해진다.

둘째, 안정성도 우수하다. 블록체인을 기반으로 거래가 이루어져서 거래의 모든 기록이 위조할 수 없는 데이터 형태로 남기 때문이다.

음악

NFT는 음악가들이 자신의 작품을 토큰화하고 게시할 수 있는 기회를 제공한다. 음악가들에게 자신의 음악은 물론 음악 테마와 아티스트 공개를 둘러싼 기타 콘텐츠로 수익을 창출할 수 있는 방법이 다양해졌다. NFT는 음악 산업에 큰 영향을 미쳤다. 예를 들어, 일렉트로닉 댄스 뮤지션 3LAU는 자신의 'Ultraviolet' 앨범 3주년을 기념하기 위해 총 33개의 NFT 컬렉션을 1,170만 달러에 판매했다.

영화

영화 산업은 일반적으로 크기가 큰 디지털 영화를 작은 파일 크기의 블록체인 기술에 저장하는 기술적인 문제 때문에 NFT의 사업에 참여하는 속도가 느렸다. 하지만 최근에는 영화 예고편, 포스터, 스틸컷 등을 NFT로 발행하거나 영화 자체를 NFT로 제작하는 사례가 등장하고 있다. 예를 들어 2021년 3월, 아담 벤진(Adam Benzine)의 오스카상 후보 다큐멘터리 'Claude Lanzmann: Specters of the Shoah'는 NFT로 제작되고 팔린 최초의 영화였다. 이는 다큐멘터리 부문 아카데미상 후보 영화가 되었다.

증권토큰 주요 적용 분야

부동산

증권토큰은 부동산 시장에 큰 혁신을 가져올 수 있다. 증권토큰은 부동산을 작은 단위로 나누어 발행하고, 블록체인에 저장하여 거래를 간편하고 안전하게 할 수 있다. 증권토큰은 부동산의 유동성을 높이고, 중개수수료를 줄이고, 소액투자자의 진입장벽을 낮추는 역할을 한다. 토큰 증권으로 발행된 부동산은 온라인 거래소에서 경매를 통해 직접 판매될 수 있다. 증권토큰으로 발행된 부동산 중 가장 비싼 작품은 크리스타 킴(Krista Kim)이 만든 3D 렌더링 모델로, NFT 시장에서 50만 달러 이상의 금액과 함께 디지털 부동산으로 판매되었다.

채권

증권토큰은 채권을 작은 단위로 나누어 발행하고, 블록체인에 저장하여 거래를 간편하고 안전하게 할 수 있다. 증권토큰은 채권의 유동성을 높이고, 발행과정을 단순화하고, 소액투자자의 진입장벽을 낮추는 역할을 한다. 증권토큰으로 발행된 채권은 온라인 거래소에서 경매를 통해 직접 판매될 수 있다. 증권토큰으로 발행된 채권 중 가장 성공적인 예는 월드뱅크(World Bank)가 만든 Bond-i다. Bond-i는 2018년 세계 최초로 블록체인 기반으로 발행된 채권으로, 1억 1천만 달러 규모의 2년 만기 채권이었다.

주식

증권토큰은 주식 시장에도 영향을 미칠 수 있다. 증권토큰은 주식을 작은 단위로 나누어 발행하고, 블록체인에 저장하여 거래를 간편하고 안전하게 할 수 있다. 증권토큰은 주식의 유동성을 높이고, 발행과정을 단순화하고, 소액투자자의 진입장벽을 낮추는 역할을 한다. 증권토큰으로 발행된 주식은 온라인 거래소에서 경매를 통해 직접 판매될 수 있다. 증권토큰으로 발행된 주식 중 가장 유명한 예는 Overstock.com이 만든 't제로(tZERO)'다. t제로는 2019년 세계 최초로 블록체인 기반으로 발행된 주식으로, 1억 3천만 달러 규모의 3년 만기 주식이었다.

예술작품

증권토큰은 예술작품을 작은 단위로 나누어 발행하고, 블록체인에 저장하여 거래를 간편하고 안전하게 할 수 있다. 증권토큰은 예술작품의 유동성을 높이고, 중개수수료를 줄이고, 소액투자자의 진입장벽을 낮추는 역할을 한다. 증권토큰으로 발행된 예술작품 중 가장 유명한 예는 앤디 워홀(Andy Warhol)의 '14 Small Electric Chairs'다. 이 작품은 2018년 7월 마에케나스(Maecenas)라는 미술품 토큰화 플랫폼에서 1천6백만 달러에 판매되었다.

NFT와 증권토큰의 가치와 보관

NFT의 가치

NFT는 디지털 콘텐츠에 대한 고유성과 소유권을 보장하고, 창작자와 구매자의 수익을 극대화하는 가치를 지닌다.

고유성

NFT는 디지털 콘텐츠를 영구적으로 보호하고, 복제나 도용을 방지할 수 있다. NFT는 각각 유일무이한 특징을 가지므로, 같은 콘텐츠라도 NFT로 발행된 것과 그렇지 않은 것은 구분할 수 있다. NFT는 디지털 콘텐츠의 진본성과 희소성을 확보하고, 그에 상응하는 가치를 부여할 수 있다.

소유권

NFT는 디지털 콘텐츠의 소유권을 명확하게 인정하고, 이를 블록체인에 기록하여 거래 내역을 추적할 수 있다. NFT는 디지털 콘텐츠의 소유자가 누구인지, 어떻게 얻었는지, 얼마에 팔았는지 등을 확인할 수 있으므로, 거래의 투명성과 신뢰성을 높일 수 있다. NFT는 디지털 콘텐츠의 소유자에게 지적재산권과 이로부터 발생하는 수익권을 부여할 수 있다.

수익

NFT는 디지털 콘텐츠를 직접 판매하거나 경매에 참여하여 수익을 창출할 수 있다. NFT는 중개자나 플랫폼의 개입 없이 Peer-to-Peer(P2P) 방식으로 거래할 수 있으므로, 중개수수료나 플랫폼 수수료를 절감할 수 있다. NFT는 창작자에게 재판매 시 수수료를 지급하는 로열티 기능을 제공할 수 있으므로, 창작자의 지속적인 수익 창출을 가능하게 한다.

증권토큰의 가치

증권토큰은 자산의 유동성과 접근성을 높이고, 거래의 효율성과 안전성을 강화하는 가치를 지닌다.

유동성

증권토큰은 자산을 작은 단위로 나누어 발행하고, 블록체인에 저장하여 거래를 간편하고 안전하게 할 수 있다. 증권토큰은 자산의 유동성을 높이고, 중개수수료를 줄이고, 소액투자자의 진입장벽을 낮추는 역할을 한다. 증권토큰으로 발행된 자산은 온라인 거래소에서 경매를 통해 직접 판매될 수 있다.

접근성

증권토큰은 전통적인 증권 시장에 비해 낮은 진입장벽과 높은 접근성을 제공한다. 증권토큰은 복잡한 신원 인증이나 계약 절차 없이도 누구나 인터넷과 스마트폰만 있으면 거래할 수 있다. 증권토큰은 글로벌 시장에 접근할 수 있으며, 국가별 법률이나 규제에 구애받지 않는다. 증권토큰은 다양한 자산을 표현할 수 있으며, 부동산, 채권, 주식 등 전통적인 자산뿐만 아니라 예술작품, 음악, 영화 등 창작물도 토큰화할 수 있다.

효율성

증권토큰은 거래의 속도와 비용을 절감하고, 거래의 신뢰성과 안정성을 보장한다. 증권토큰은 블록체인 기술을 활용하여 거래 내역을 실시간으로 기록하고 공유하므로, 중개자나 제3자의 개입 없이도 거래를 완료할 수 있다.

디지털 자산의 보관

암호화폐, NFT, 그리고 증권토큰은 블록체인에 기반한 디지털 자산으로, 소유권을 인증하는 역할을 한다. 이러한 자산들을 안전하게 보관하고 관리하기 위해서는 지갑(Wallet)이 필요하다. 그러나 현재 단지 편리성 때문에 디지털 자산을 중앙화된 거래소에서 보관하는 경우가 많다. 디지털 자산의 지갑은 자산을 생성하거나 구매하고 판매할 수 있는 플랫폼이자, 이를 저장하고 전송할 수 있는 소프트웨어다. 디지털 자산의 지갑은 크게 하드웨어 지갑과 소프트웨어 지갑으로 나눌 수 있다.

하드웨어 지갑은 물리적인 장치로, 인터넷과 연결되지 않은 상태에서 개인키를 보관하는 방식이다. 이는 해킹이나 바이러스에 의한 공격으로부터 자산을 보호할 수 있는 장점이 있다. 하드웨어 지갑은 USB 포트나 블루투스를 통해 컴퓨터나 스마트폰과 연결하여 사용할 수 있으며, 핀 번호나 바이오 인식 등의 추가적인 보안 기능을 제공한다. 하드웨어 지갑의 단점은 가격이 비싸고, 장치를 분실하거나 파손되면 복구하기 어렵다는 점이다. 또한, 모든 종류의 디지털 자산을 지원하는 것은 아니므로 호환성을 확인해야 한다. 대표적인 하드웨어 지갑으로는 렛저(Ledger), 트레저(Trezor) 등이 있다.

소프트웨어 지갑은 앱이나 웹사이트 형태로, 인터넷에 연결된 상태에서 개인키를 보관하는 방식이다. 이는 사용이 편리하고, 다양한 디지털 자산을 지원하는 장점이 있다. 소프트웨어 지갑은 사용자가 직접 개인키를 관리하는 비보관형(Non-custodial) 지갑과, 서비스 제공자가 개인키를 관리하는 보관형(Custodial) 지갑으로 구분할 수 있다. 비보관형 지갑은 사용자가 자신의 자산에 대한 완전한 통제권을 가지는 대신, 개인키를 분실하면 복구할 수 없다는 단점이 있다. 보관형 지갑은 사용자가 개인키를 기억할 필요가 없는 대신, 서비스 제공자에 의한 사기나 해킹에 취약하다는 단점이 있다. 대표적인 소프트웨어 지갑으로는 메타마스크(MetaMask), 트러스트 월렛(Trust Wallet), 코인베이스 월렛(Coinbase Wallet) 등이 있다.

증권토큰은 NFT와 유사한 특성을 가지므로 NFT를 지원하는 하드웨어 지갑이나 소프트웨어 지갑을 사용하여 증권토큰을 저장하고 전송할 수 있다. 그러나, 증권토큰은 일반적인 NFT보다 더 엄격한 규제와 법률적 요건을 충족해야 하므로, 모든 NFT 지갑이 증권토큰과 호환성을 가지지는 않는다. 예를 들어, 렛저는 현재 ERC-1400과 같은 증권토큰 표준을 지원하지 않는다. 따라서 증권토큰을 보관하기 전에 해당 토큰의 표준과 지갑의 호환성을 먼저 확인해야 한다.

NFT와 증권토큰을 보관하기 위해서는 자신의 목적과 우선순위에 따라 적절한 지갑을 선택해야 한다. 보안성과 안정성을 중시한다면 하드웨어 지갑을, 다양성과 편리성을 중시한다면 소프트웨어 지갑을 선택하는 것이 바람직하다.

NFT 플랫폼의 종류와 장단점

NFT는 디지털 자산의 가치와 소유권을 보장하고 확장하는 혁신적인 기술이다. NFT 플랫폼은 NFT를 발행하고, 구매하고, 판매하고, 경매할 수 있는 온라인 서비스다. 이더리움은 스마트 계약을 통해 NFT의 발행과 거래를 가능하게 하는 대표적인 블록체인 네트워크다. 이더리움 플랫폼은 스마트 컨트랙트라는 프로그래밍 가능한 계약을 지원하며, 이를 통해 NFT의 고유한 속성과 규칙을 정의할 수 있다.

이더리움 플랫폼은 NFT의 성장과 다양화에 중요한 역할을 하고 있다.

이더리움 기반의 NFT 플랫폼

이더리움은 NFT 시장에서 가장 영향력 있는 네트워크다. 이더리움 기반의 NFT 플랫폼은 다음과 같은 장점이 있다.

넓고 다양한 NFT 생태계

이더리움은 가장 오래된 블록체인 네트워크 중 하나로, 수많은 개발자와 사용자가 참여하고 있다. 이더리움에서는 예술, 게임, 스포츠, 음악 등 다양한 종류의 NFT를 발행하고 거래할 수 있으며, 유명한 NFT 컬렉션들도 대부분 이더리움에서 만들어졌다. 예를 들어 크립토펑크, 크립토키티(CryptoKitties), 보어드 에이프 요트 클럽, 미비츠(Meebits) 등이 있다.

표준화된 스마트 컨트랙트

이더리움에서는 ERC-721과 ERC-1155라는 두 가지 표준화된 스마트 컨트랙트를 사용하여 NFT를 발행한다. ERC-721은 각각의 NFT가 고유한 속성과 식별자(Identifier)를 가지도록 하는 표준이며, ERC-1155는 한 개의 스마트 컨트랙트에서 여러 개의 NFT와 FT(대체 가능 토큰)를 관리할 수 있도록 하는 표준이다. 이러한 표준화된 스마트 컨트랙트는 NFT의 호환성과 상호 운용성을 높여준다.

강력한 보안성과 확장성

이더리움은 2022년 9월에 지분 증명(PoS) 합의 메커니즘으로 전환했다. PoS로 전환된 이더리움은 더 강력한 보안성과 더 나은 확장성을 갖추게 되었다. NFT는 PoS에 적합하다. NFT는 PoS를 사용하여 안전하게 저장하고 전송할 수 있다.

이더리움 기반의 NFT 플랫폼은 다음과 같은 단점이 있다.

높은 거래 비용

이더리움은 네트워크에 트랜잭션을 전송하려면 가스 비용이라는 수수료를 지불해야 한다. 가스 비용은 네트워크의 수요와 공급에 따라 변동하며, 때로는 매우 높아질 수 있다. 예를 들어, 2021년 5월에는 평균 가스 비용이 60달러에 달했다. 이는 NFT를 발행하거나 거래하는 데 큰 부담이 될 수 있다.

낮은 트랜잭션 속도

이더리움은 초당 몇 개의 트랜잭션만 처리할 수 있다. 이는 증가하는 탈중앙화 네트워크의 수요를 충족하기에는 부족하다. 이더리움에서 트랜잭션을 처리하는 데 걸리는 시간은 약 15초다. 이는 NFT를 신속하게 발행하거나 거래하는 데 불편함을 초래할 수 있다.

이더리움 레이어2 솔루션

이더리움 메인넷의 확장성 문제를 해결하기 위해 이더리움 레이어2 솔루션이 만들어졌다. 이더리움 레이어2는 이더리움 메인넷과 별도의 체인을 구축하고, 거래 처리를 빠르고 저렴하게 수행한 후, 결과를 이더리움 메인넷에 기록한다. 이를 통해 이더리움 메인넷의 부하를 줄이고, NFT 발행과 거래의 효율성을 높일 수 있다.

이더리움 레이어2 기반의 NFT 플랫폼은 다음과 같은 장점이 있다.

이더리움 생태계와의 호환성

이더리움 레이어2는 이더리움 메인넷과 연동되므로 이더리움 생태계와의 호환성을 유지할 수 있다. 즉, 이더리움에서 사용하는 스마트 컨트랙트, 지갑, 토큰 등을 그대로 사용할 수 있으며, 다른 블록체인 네트워크로 전환할 필요가 없다. 또한, 이더리움 레이어2에서 발행한 NFT는 이더리움 메인넷으로 전송하거나 다른 NFT 마켓플레이스에서 거래할 수 있다.

빠르고 저렴한 거래

이더리움 레이어2는 거래 처리를 별도의 체인에서 수행하므로 이더리움 메인넷보다 훨씬 빠르고 저렴하게 거래할 수 있다.

다양한 종류의 NFT

이더리움 레이어2에서도 예술, 게임, 스포츠, 음악 등 다양한 종류의 NFT를 발행하고 거래할 수 있다.

이더리움 레이어2 기반의 NFT 플랫폼은 다음과 같은 단점이 있다.

보안성과 탈중앙화 정도의 저하

이더리움 레이어2는 거래 처리를 별도의 체인에서 수행하므로 이더리움 메인넷보다는 보안성과 탈중앙화 정도가 낮아질 수 있다. 즉, 이더리움 레이어2의 체인이 공격이나 오류에 노출될 경우, NFT의 안전성과 투명성에 영향을 줄 수 있다. 또한, 이더리움 레이어2의 체인은 이더리움 메인넷보다 참여자가 적을 수 있으므로, 네트워크의 탈중앙화 정도가 감소할 수 있다.

다음은 대표적인 이더리움 레이어2 솔루션들이다.

OP

옵티미즘(Opimism)의 토큰으로 옵티미스틱 롤업은 트랜잭션을 이더리움 체인 바깥에서 처리하고 결과만 이더리움에 전송한다. 이 과정에서 사기가 발생할 경우 사기증명(Fraud Proof)을 통해 검증하고 보상하거나 처벌한다. 옵티미즘은 이더리움 가상머신(EVM)과 호환되어 기존의 스마트 컨트랙트를 쉽게 옮길 수 있다. 옵티미즘은 2023년 1월에 옵티미즘 기반의 NFT 게임 플랫폼을 출시하고, 다양한 NFT 게임 개발자와 파트너십을 맺었다. 옵티미즘은 2023년 4월에 옵티미즘 기반의 NFT 아트 플랫폼을 출시하고, 유명한 NFT 아티스트들과 협력했다.

ARB

아비트럼(rbitrum)의 토큰으로, 역시 옵티미스틱 롤업을 사용한다. 아비트럼은 옵티미즘과 비슷한 방식으로 작동하지만, 사기증명 대신 챌

린지-응답(Challenge-Response) 방식을 사용한다. 즉, 트랜잭션의 유효성을 증명하기 위해 증거를 제출하고 반박할 기회를 주는 방식이다. 아비트럼도 EVM과 호환되며, 옵티미즘보다 더 빠른 출금 시간을 제공한다. 아비트럼은 2023년 2월에 아비트럼 기반의 NFT 스포츠 플랫폼을 출시하고, NBA 톱샷(NBA Top Shot)과 파트너십을 맺었다.

매틱(MATIC)

폴리곤(Polygon)의 토큰으로, 플라즈마와 ZK 롤업을 결합한 기술을 사용한다. 플라즈마는 이더리움과 별도의 사이드체인을 구축하고, 이더리움과의 상호운용성을 보장하는 방식이다. ZK 롤업은 이뮤터블 X와 비슷하게 트랜잭션을 이더리움 체인 바깥에서 처리하고, 영지식 증명(Zero-Knowledge Proof)을 이용하여 트랜잭션의 유효성을 증명하는 방식이다. 폴리곤은 이더리움 스케일링과 인프라 개발을 위한 유연하고 모듈식인 솔루션으로, 다양한 종류의 애플리케이션을 구축할 수 있다. 폴리곤은 EVM 호환성과 빠른 트랜잭션 속도, 거의 없는 가스 수수료를 제공한다. 폴리곤은 2023년 6월에 폴리곤 2.0이라는 새로운 프로토콜을 발표하고, 인터넷의 가치 계층이라는 비전을 제시했다. 폴리곤은 2023년 7월에 '폴리곤 코파일럿(Polygon Copilot)'이라는 온체인 AI 솔루션을 출시하고, 레딧(Reddit)과 파트너십을 맺어 600만 명 이상의 새로운 웹3 회원들을 온보딩(Onboarding) 했다.

IMX

이뮤터블 X(Immutable X)의 토큰으로, ZK 롤업이라는 기술을 사용한다. ZK 롤업은 트랜잭션을 이더리움 체인 바깥에서 처리하고 결과만 이더리움에 전송하는데, 옵티미스틱 롤업과 달리 사기가 발생할 가능성이 없다. 왜냐하면 트랜잭션의 유효성을 증명하기 위해 영지식 증명이라는 암호학적 증거를 제공하기 때문이다. 이뮤터블 X는 NFT마켓에 특화된 솔루션으로, 가스 수수료 없이 초당 수천 건의 NFT 거래를 가능하게 한다. 이뮤터블 X는 2022년 11월에 메인넷 베타를 완료하고, 정식 메인넷을 출시했다. 2023년 3월에 이뮤터블 X 기반의 NFT 패션 플랫폼을 출시하고, 디지털 의류 브랜드들과 파트너십을 맺었다.

LRC

루프링(Loopring)의 토큰으로, ZK 롤업과 유사한 ZK 롤러코스터라는 기술을 사용한다. ZK 롤러코스터는 ZK 롤업과 같은 원리로 작동하지만, 트랜잭션의 유효성 증명을 실시간으로 하지 않고 일정 주기마다 하기 때문에 더 많은 트랜잭션을 처리할 수 있다. 루프링은 탈중앙화 거래소와 지갑에 초점을 맞춘 솔루션으로, 최대 16개의 주문을 순환 주문에 결합하여 유동성을 향상시키고 수수료를 절감한다. 루프링은 2022년 1월에 루프링 NFT 마켓을 론칭하고, 유동성 채굴 프로그램을 시작했다. 루프링은 2023년 4월에 루프링 NFT 마켓을 업그레이드하고, 다양한 NFT 컬렉션과 파트너십을 확대했다.

솔라나 기반의 NFT 플랫폼

솔라나는 이더리움이 직면한 확장성 문제를 해결하기 위해 만들어진 블록체인 네트워크다. 솔라나는 PoH(역사 증명)와 PoS(지분 증명) 합의 메커니즘을 사용하여 네트워크를 운영한다. PoH는 타임스탬프를 추가하여 트랜잭션의 순서를 추적할 수 있도록 하며, PoS는 타임스탬프가 올바른지 검증하고 보상을 분배한다. 솔라나 기반의 NFT 플랫폼은 다음과 같은 장점이 있다.

빠르고 저렴한 거래

솔라나는 초당 5만 개 이상의 트랜잭션을 처리할 수 있으며, 트랜잭션을 처리하는 데 걸리는 시간은 약 0.4초다. 이는 이더리움보다 훨씬 빠른 속도다. 또한 솔라나에서 트랜잭션을 전송하는 데 드는 비용은 매우 저렴하다. 평균 가스 비용은 0.00025달러 정도다. 이는 NFT를 쉽고 신속하게 발행하고 거래할 수 있도록 한다.

다양한 종류의 NFT

솔라나에서도 예술, 게임, 스포츠, 음악 등 다양한 종류의 NFT를 발행하고 거래할 수 있다. 솔라나에서는 3D 모델 및 시각 효과 아티스트들이 만든 디지털 아트 NFT도 쉽게 찾을 수 있다.

쉬운 NFT 발행

솔라나에서는 누구나 쉽게 NFT를 발행할 수 있다. 솔라나 네트워크에 연결된 지갑을 만들고, NFT를 업로드하고, 메타데이터(Metadata)를 입력하고, 발행 비용을 지불하면 된다. 이 과정은 몇 분 내에 완료할 수 있다. 또한 솔라나에서 발행한 NFT는 다른 블록체인 네트워크로 전송할 수도 있다.

이와 같은 장점에도 불구하고 솔라나 기반의 NFT 플랫폼은 비교적 새로운 블록체인 네트워크로, 이더리움보다는 작은 NFT 생태계를 가지고 있으며, 낮은 탈중앙화 정도를 가지고 있는 단점이 있다. 또한 특정 지분 보유자가 네트워크에 과도한 영향력을 행사할 수 있는 가능성이 있다. 이는 NFT의 안전성과 투명성에 영향을 줄 수 있다.

아발란체 기반의 NFT 플랫폼

아발란체는 고성능과 확장성을 갖춘 블록체인 네트워크다. 아발란체는 '스노우맨(Snowman)'과 '다그다르(Daggar)'라는 두 가지 합의 메커니즘을 사용하여 네트워크를 운영한다. 스노우맨은 선형적인 블록체인 구조를 가지며, 다그다르는 비선형적인 그래프 구조를 가진다. 이러한 합의 메커니즘은 네트워크의 처리량과 안정성을 높여준다. 아발란체 기반의 NFT 플랫폼은 다음과 같은 장점이 있다.

높은 트랜잭션 속도

아발란체는 초당 4천 개 이상의 트랜잭션을 처리할 수 있으며, 트랜잭션을 처리하는 데 걸리는 시간은 약 1초다. 이는 이더리움보다 훨씬 빠른 속도다. 또한 아발란체에서는 서브넷이라는 독립적인 블록체인들을 생성하고 연결할 수 있으며, 이를 통해 네트워크의 확장성을 더욱 높일 수 있다.

낮은 거래 비용

아발란체에서 트랜잭션을 전송하는 데 드는 비용은 매우 저렴하다. 평균 가스 비용은 0.01달러 정도다. 이는 NFT를 저렴하게 발행하고 거래할 수 있도록 한다.

다양한 종류의 NFT

아발란체에서도 예술, 게임, 스포츠, 음악 등 다양한 종류의 NFT를 발행하고 거래할 수 있다. 아발란체에서는 ERC-721과 ERC-1155와 호환되는 X-체인(X-Chain)과 C-체인(C-Chain)이라는 두 가지 체인을 사용하여 NFT를 관리한다. X-체인은 NFT의 발행과 전송을 담당하며, C-체인은 NFT의 스마트 컨트랙트를 담당한다. 이를 통해 다른 블록체인 네트워크와의 상호 운용성을 보장한다. 이러한 장점과 달리 아발란체 기반의 NFT 플랫폼은 아발란체에서 사용하는 합의 메커니즘이 다소 새롭고 복잡하여 개발자들이 쉽게 접근하기 어려운 단점이 있다.

NFT 마켓플레이스

NFT 마켓플레이스는 블록체인 기술을 기반으로 NFT를 발행하고 거래하는 플랫폼이다. 이더리움, 솔라나, 아발란체는 NFT 마켓플레이스에서 가장 많이 사용되는 블록체인이다. 이더리움은 NFT의 선구자로, 가장 많은 NFT 컬렉션과 사용자를 보유하고 있다. 솔라나와 아발란체는 이더리움보다 빠르고 저렴하며 확장 가능한 블록체인으로, NFT 시장에 새로운 동력을 주고 있다.

다음은 이더리움, 솔라나, 그리고 아발란체 블록체인의 대표적인 NFT 마켓플레이스들이다.

오픈씨(opensea.io)

오픈씨는 세계 최대의 NFT 마켓플레이스로, 이더리움 블록체인에 기반한다. 다양한 카테고리의 NFT를 거래할 수 있으며, 누구나 쉽게 자신의 NFT를 만들고 판매하거나 구매할 수 있다. 오픈씨의 거래량은 2022년 12월에만 1천만 건을 넘었으며, 거래액은 100억 달러에 달한다.

룩스레어(looksRare.com)

룩스레어는 2022년 1월 10일에 출시된 신생 NFT 마켓플레이스로, 이더리움 블록체인에 기반한다. 주로 예술과 컬렉션이 관련된 NFT를 거래하며, 오픈씨와 비슷한 인터페이스와 기능을 제공한다. 룩스레어의 특징은 자체 토큰인 룩스(LOOKS)를 통해 트랜잭션 수수료를 환불

해주고, 토큰 홀더들에게 매일 에어드롭(Airdrop)을 해준다는 점이다.

크립토닷컴(crypto.com/nft)

크립토닷컴은 암호화폐 거래소로 유명하지만, 2021년 3월 11일에 자체 NFT 마켓플레이스를 출시했다. 크립토닷컴은 이더리움 블록체인에 기반하며, 주로 엔터테인먼트와 스포츠가 관련된 NFT를 거래한다. 크립토닷컴의 특징은 유명한 연예인, 스포츠 스타, 아티스트 등과 협업하여 독점적인 NFT를 제공한다는 점이다.

바이낸스(binance.com/en/nft)

바이낸스는 세계 최대의 암호화폐 거래소로, 2021년 6월 24일에 자체 NFT 마켓플레이스를 출시했다. 바이낸스는 바이낸스 스마트 체인과 이더리움 블록체인에 기반하며, 다양한 종류의 NFT를 거래할 수 있다. 바이낸스의 특징은 수수료가 매우 저렴하고, 다른 플랫폼의 NFT도 거래할 수 있다는 점이다.

코인베이스(coinbase.com/nft)

코인베이스는 미국 최대의 암호화폐 거래소로, 2022년 4월 20일에 자체 NFT 마켓플레이스를 출시했다. 코인베이스는 이더리움 블록체인에 기반하며, 다양한 종류의 NFT를 거래할 수 있다. 코인베이스의 특징은 이미 수백만 명의 유저가 있는 거대한 플랫폼이라는 점이다.

매직에덴(magiceden.io)

매직에덴은 솔라나 기반의 NFT 마켓플레이스 중에서 가장 크고 인기 있는 플랫폼이다. 다양한 카테고리의 NFT를 거래할 수 있으며, 누구나 쉽게 자신의 NFT를 만들고 판매하거나 구매할 수 있다. 매직에덴의 특징은 거래 수수료가 없고, 자체 토큰인 매직(MAGIC)을 통해 트랜잭션 수수료를 환불해주고, 토큰 홀더들에게 매일 에어드롭을 해준다는 점이다.

솔라나트(solanart.io)

솔라나트는 솔라나 기반의 NFT 마켓플레이스 중에서 가장 오래된 플랫폼이다. 주로 예술과 컬렉션이 관련된 NFT를 거래하며, 솔라나에서 가장 인기 있는 컬렉션인 디제너레이트 에이프 아카데미(Degenerate Ape Academy)와 오로리(Aurory)를 거래할 수 있다. 솔라나트의 특징은 채굴 수수료가 없고, 검증된 컬렉션만 거래할 수 있다는 점이다.

블러(blur.market)

블러는 2022년 10월에 출시된 아발란체 기반의 NFT 마켓플레이스로, 고급 NFT 트레이더를 위한 플랫폼이다. 블러는 거래 수수료가 없고, 빠른 거래 속도와 다양한 트레이딩 도구를 제공한다. 또한 오픈씨, 룩스레어, X2Y2 등의 다른 마켓플레이스의 NFT를 한곳에서 볼 수 있다. 블러는 자체 토큰인 블러(BLUR)를 통해 거버넌스와 인센티브를 제공하며, 다오(DAO)를 통해 커뮤니티가 운영에 참여할 수 있다.

아이디(id.market)

아이디는 2022년 11월에 출시된 아발란체 기반의 NFT 마켓플레이스로, 디지털 신분증과 메타버스를 연결하는 플랫폼이다. 아이디에서는 자신의 디지털 신분증을 NFT로 발급하고, 다양한 메타버스에서 사용할 수 있다. 또한 아이디는 자신의 NFT 컬렉션을 전시하고 거래할 수 있는 갤러리 기능을 제공한다. 아이디는 자체 토큰인 ID를 통해 거버넌스와 인센티브를 제공하며, 다오를 통해 커뮤니티가 운영에 참여할 수 있다.

슈퍼(super.art)

슈퍼는 2022년 12월에 출시된 아발란체 기반의 NFT 마켓플레이스로, 예술가와 팬을 위한 플랫폼이다. 슈퍼에서는 다양한 예술작품을 NFT로 만들고 판매하거나 구매할 수 있다. 또한 슈퍼는 예술가들이 자신의 작품을 홍보하고 팬들과 소통할 수 있는 소셜 네트워크 기능을 제공한다. 슈퍼는 자체 토큰인 슈퍼(SUPER)를 통해 거버넌스와 인센티브를 제공하며, 다오를 통해 커뮤니티가 운영에 참여할 수 있다.

이 외에도 다양한 마켓플레이스가 있으며 각각 차별성을 가지고 서로 다른 목적과 기능을 제공하고 있다.

증권토큰 플랫폼의 종류와 장단점

증권토큰이란 자본시장법상 증권을 디지털화한 것으로, 분산원장 기술(Distributed Ledger Technology, DLT)을 활용하여 발행하고 유통하는 토큰이다. 증권토큰은 증권형 토큰, 혹은 국내에서는 '토큰 증권(STO)'이라고도 불리며, 자본시장법의 규율 대상이므로 투자자 보호와 시장질서 유지를 위한 공시, 인·허가 제도, 불공정거래 금지 등 모든 증권 규제가 적용된다.

증권토큰을 발행하고 유통하기 위해서는 증권토큰 발행, 유통 규율체계가 필요하다. 이러한 규율체계를 제공하는 플랫폼은 크게 '퍼블릭(Public)'과 '프라이빗(Private)'으로 구분할 수 있다.

퍼블릭 플랫폼은 누구나 참여할 수 있는 개방형 플랫폼으로, 이더리움과 같은 스마트 컨트랙트 기반의 블록체인 네트워크를 활용한다. 퍼블릭 플랫폼에서는 증권토큰을 발행하기 위해 ERC-20과 같은 기존의 토큰 표준을 사용할 수도 있지만, 이는 KYC(Know Your Customer)와

AML(Anti Money Laundry) 등의 법적 요건을 충족하기 어렵기 때문에 적합하지 않다. 따라서 퍼블릭 플랫폼에서는 증권토큰에 맞는 새로운 토큰 표준을 제시하고 있다. 증권토큰은 퍼블릭 플랫폼에서 기존의 유가증권보다 더 효율적이고 투명한 거래가 가능하다.

대표적인 글로벌 퍼블릭 플랫폼들은 다음과 같다.

INX는 2017년에 설립된 블록체인 기반의 거래소이며 미국 SEC에 등록된 ATS(Alternative Trading System)이자 브로커-딜러로, 발행 플랫폼과 유통 플랫폼을 모두 제공한다. INX는 ERC-1400이라는 증권토큰 표준을 사용하고 있으며, INX는 암호화폐와 증권을 모두 거래할 수 있는 거래소다.

t제로(tZERO)는 INX와 마찬가지로 발행 플랫폼과 유통 플랫폼을 모두 제공한다. t제로는 ERC-20과 같은 기존의 토큰 표준을 사용하되, KYC/AML 등의 법적 요건을 충족하기 위해 스마트 컨트랙트를 활용한다. t제로에서 발행된 증권토큰은 t제로 ATS에서 거래될 수 있으며, 각 증권토큰은 t제로 ATS의 총수익 중 일부를 배당받거나 주식에 대한 소유권을 부여하는 권리를 부여한다.

시큐리타이즈(Securitize) 역시 미국 SEC에 등록된 ATS이자 브로커-딜러로, 발행 플랫폼과 유통 플랫폼(Securitize Market)을 모두 제공한다. 시큐리타이즈는 DS-20이라는 증권토큰 표준을 사용한다. 시큐리타이즈에서 발행된 증권토큰은 시큐리타이즈마켓(Securitize Market)에서 거래될 수 있으며, 각 증권토큰은 영화, TV 쇼, 부동산, 비디오 게임 등과 같은 보조 프로젝트의 수익에 참여하는 권리를 부여한다.

폴리매스(Polymath)는 스마트 컨트랙트 기반의 증권토큰 발행 및 관리 솔루션을 제공하는 플랫폼이다. 폴리매스는 ST-20이라는 증권토큰 표준을 사용한다. 폴리매스에서 발행된 증권토큰은 폴리메쉬(Polymesh)라는 전용 블록체인 네트워크에서 거래될 수 있으며, 각 증권토큰은 부동산, 자산관리, 채권, 주식 등 다양한 유형의 자산을 나타낸다.

이러한 글로벌 퍼블릭 플랫폼들은 증권토큰의 발행, 유통, 거래를 활성화함으로써 증권토큰 시장의 성장을 촉진하고 있다.

프라이빗 플랫폼은 참여자가 제한된 폐쇄형 플랫폼으로, 하이퍼레저나 R3 코르다와 같은 엔터프라이즈(Enterprise) 블록체인 네트워크를 활용한다. 하이퍼레저 패브릭은 리눅스 파운데이션(Linux Foundation)에서 개발한 오픈소스 프라이빗 블록체인 플랫폼이다. 아이퍼레저 패브릭은 다양한 산업 분야의 기업들이 프라이빗 블록체인을 쉽게 구축하고 사용할 수 있도록 지원한다. R3는 프라이빗 블록체인 플랫폼인 코르다(Corda)를 개발하여 금융 서비스 산업에 제공하고 있다. 코르다는 금융 서비스 회사들이 금융 거래를 안전하고 효율적으로 처리할 수 있도록 지원한다.

HSBC은 프라이빗 블록체인을 사용해 '디지털 볼트(Digital Vault)'라는 플랫폼을 구축했다. 이 플랫폼은 증권토큰으로서의 채권을 관리하고 거래할 수 있는 방법을 제공한다.

세계은행은 프라이빗 블록체인을 사용해 세계 최초의 블록체인 기반 채권인 본드-i(Bond-i)를 발행했다. 이 프로젝트는 투자자에게 높은 투명성을 제공하며, 금융 시장에서 블록체인 기술의 잠재력을 보여주는 중요한 사례로 인식되고 있다.

JP모건은 자체 프라이빗 블록체인, 즉 쿼럼 위에 JPM 코인을 발행했다. 이 토큰은 기업 간의 자금 이동, 증권 거래 및 특정 고객들에게 서비스를 제공하기 위한 것이다. 이는 표준화된 블록체인 솔루션을 사용하여 기업의 효율성을 향상시키는 데 사용되는 좋은 사례다.

프라이빗 플랫폼에서는 증권토큰을 발행하기 위해 전자증권법상 '전자등록 방식'으로 수용하고, 발행인 계좌관리기관을 도입하는 방식을 사용한다. 이는 실물증권과 전자증권에 이은 증권의 새로운 발행 형태로, 분산원장 기술을 활용하여 증권의 발행과 유통을 더욱 효율적이고 편리하게 개선하려는 목적이 있다. 프라이빗 플랫폼에서는 발행인 계좌관리기관이 증권의 발행과 이전을 관리하며, KYC/AML 등의 법적 요건을 준수하도록 한다.

퍼블릭 플랫폼과 프라이빗 플랫폼의 장단점을 비교해보면 다음과 같다.

퍼블릭 플랫폼은 누구나 참여할 수 있어 보다 넓은 범위의 투자자와 발행자를 유치할 수 있다. 또한, 탈중앙화된 방식으로 증권토큰을 발행하고 유통할 수 있어 중개자의 비용과 리스크를 줄일 수 있다. 하지만, 퍼블릭 플랫폼은 증권 규제를 준수하기 위해 별도의 토큰 표준을 만들어야 하며, 이는 기존의 인프라와 호환성이 떨어질 수 있다. 또한, 퍼블릭 플랫폼은 보안과 성능 면에서 취약할 수 있으며, 규제기관과의 협력이 어려울 수 있다.

프라이빗 플랫폼은 참여자가 제한되어 있어 보다 안전하고 신뢰할 수 있는 증권토큰을 발행하고 유통할 수 있다. 또한, 기존의 전자증권법 제도와 연계하여 증권토큰을 수용할 수 있으며, 이는 기존의 인프라와 호환성이 높다. 또한, 규제기관과의 협력이 용이할 수 있다. 하지만, 프라이빗 플랫폼은 참여자가 제한되어 있어 시장 규모가 작을 수 있으며, 중앙화된 방식으로 증권토큰을 발행하고 유통할 수 있어 중개자의 비용과 리스크가 존재할 수 있다.

디지털 자산과 인공지능의 융합

디지털 자산이란 모든 종류의 객체와 그들의 가치를 디지털 형태로 표현하고 이전할 수 있는 것을 말한다. 종이 문서 없이도 소유권과 이전권리를 인증하고 보호할 수 있으며, 중개자 없이도 직접적인 거래를 가능하게 하는 것을 특징으로 한다.

디지털 자산과 인공지능의 융합의 필요성과 장점

디지털 자산과 인공지능의 융합이란 디지털 자산의 생성, 저장, 거래, 분석 등에 인공지능을 활용하는 것을 말한다. 이러한 융합은 다음과 같은 필요성과 장점을 가진다.

첫째, 디지털 자산의 보안성과 효율성을 높일 수 있다. 예를 들어 블록체인 기술은 인공지능과 결합하여 디지털 자산의 거래 기록을 분을 통해 맞춤형 학습 콘텐츠와 평가를 제공할 수 있다. 또한, 학습 성과를 NFT로 인증하고, 디지털 자산으로 보상하고 거래할 수 있다. 이 외에도 디지털 자산과 인공지능의 융합은 에너지, 환경, 교통, 문화 등 다양한 분야에서 혁신적인 솔루션을 제시할 수 있다.

융합을 위한 과제

디지털 자산과 인공지능의 융합은 새로운 가치와 혁신을 창출할 수 있는 가능성을 가지고 있다. 하지만 이를 위해서는 다음과 같은 시사점을 고려해야 한다.

첫째, 기술 개발과 정책 지원이 필요하다. 디지털 자산과 인공지능의 융합은 아직 초기 단계에 있으며, 성장 가능성이 높은 분야다. 따라서 기술 개발과 정책 지원이 필요하다. 예를 들어, 디지털 자산과 인공지능의 융합에 관련된 연구와 개발을 지원하고, 법적 · 제도적 장애물을 해소하고, 국제적인 협력과 표준화를 추진해야 한다.

둘째, 윤리적 · 사회적 문제에 대비해야 한다. 디지털 자산과 인공지능의 융합은 새로운 가치와 혁신을 창출할 수 있지만, 동시에 윤리적 · 사회적 문제를 야기할 수 있다. 예를 들어, 디지털 자산과 인공지능의 융합이 개인의 프라이버시와 자율성을 침해하거나, 사회적 불평등과 분열을 심화시키거나, 법적 책임과 적법성을 모호하게 할 수 있다. 따라서 윤리적 · 사회적 문제에 대비하고, 이해관계자들의 참여와 소통을 통해 해결책을 모색해야 한다.

두 번째로, 디지털 자산은 전 세계 어디서든 접근할 수 있는 접근성을 가지고 있다. 기존의 물리적인 자산은 위치에 제한을 받는 경우가 많다. 예를 들어, 집이나 자동차와 같은 자산은 특정한 장소에 묶여 있어 그 장소를 이용해야만 해당 자산을 이용할 수 있었다. 그러나 디지털 자산은 인터넷이 연결된 어디에서든 접근할 수 있다. 이는 투자와 거래, 이용에 있어서 훨씬 더 편리함을 제공하며, 시간과 공간의 제약을 크게 줄여준다.

세 번째로, 디지털 자산은 공유경제와 연계될 수 있는 가능성을 가지고 있다. 공유경제란 개인들이 자신이 소유하고 있는 자산을 다른 사람들과 공유함으로써 이익을 창출하는 경제 모델을 말한다. 디지털 자산의 경우, 그 소유권이 명확하게 정의되고, 전 세계 어디서든 접근할 수 있으므로 공유경제에 아주 적합한 자산이다.

위에서 설명한 디지털 자산의 특성들은 그 자체로도 흥미롭지만, 이를 미래 사회에 적용하면서 어떤 가능성을 제공하는지를 생각해보는 것이 더 중요하다. 기존의 물리적인 자산은 그 자체로 가치가 있었지만, 디지털 자산은 그 가치가 사람들의 참여와 연결로부터 온다는 점에서 차이가 있다. 디지털 자산을 통해 사람들은 각자의 가치를 보다 확장하고, 그것을 공유하며, 서로 협력하고 경쟁하는 새로운 사회를 만들어갈 수 있다.

또한, 디지털 자산은 기술의 발전과 함께 그 가치를 더욱 확장할 가능성을 가지고 있다. 인공지능, 블록체인, 가상현실, 증강현실 등의 기술들이 발전하면서 디지털 자산은 그런 기술들을 기반으로 새로운 형태의 가치를 창출해낼 수 있다. 이런 가치는 기존의 물리적인 자산에서는 상상도 못할 형태의 가치일 것이며, 그 가치는 현재보다 훨씬 크게 될 수 있다.

결국, 디지털 자산의 미래는 '참여', '연결', '공유', '기술의 발전'이라는 키워드로 정의될 수 있을 것이다. 디지털 자산을 통해 사람들은 새로운 형태의 사회와 경제를 만들어갈 것이며, 그 과정에서 다양한 형태의 가치를 창출해낼 것이다. 이런 가치는 우리가 지금 이해하고 있는 것을 넘어서는 새로운 차원의 가치일 것이며, 그것이 디지털 자산의 미래를 더욱 밝게 만들어줄 것이다. 디지털 자산의 미래는 역동적이며 가치 창출의 잠재력이 무한하다. 그리고 그 미래는 이미 시작되었다.

5장

디지털 인터넷 혁명

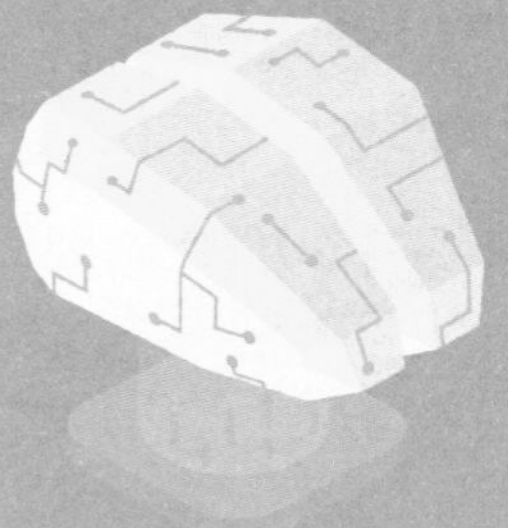

Convergence of blockchain
and artificial intelligence

분산형 인터넷(Web3.0)의 이해

웹 1.0과 2.0의 역사

웹 1.0은 1990년대부터 2000년대 초까지 인터넷의 초창기를 말한다. 이때의 인터넷은 마치 도서관(Library)과 같았다. 인터넷에서 정보를 찾아볼 수 있었지만, 그 정보를 바꿀 수는 없었다. 즉, 웹사이트는 '읽기만' 가능했다. 그 당시에 사용되던 웹 기술에는 HTML, URL, 그리고 HTTP 등이 있었고, 유명한 웹사이트로는 슬래시닷(Slashdot), 크레이그리스트(Craigslist)가 있었다.

그다음 단계인 웹 2.0은 2000년대 중반부터 시작되었다. 이때부터 웹사이트는 '읽고 쓰기'가 모두 가능해졌다. 즉, 사용자들이 직접 정보를 생성하고 공유할 수 있게 된 것이다. 블로그, 위키, SNS 등의 서비스가 인기를 끌었고, 페이스북, 트위터, 그리고 유튜브 같은 웹사이트가 대표적이다.

웹 1.0과 웹 2.0의 차이점을 다음과 같이 요약할 수 있다.

첫째, 웹 1.0에서는 주로 정보를 '읽는' 활동이 중심이었으나, 웹 2.0에서는 '읽기, 쓰기, 수정, 그리고 공유'가 가능해졌다. 둘째, 웹 1.0에서 정보는 주로 한쪽에서 다른 쪽으로만 전달되었고, 웹 2.0에서는 정보가 여러 방향으로 주고받아졌다. 셋째, 웹 1.0에서는 주로 서버에서 페이지를 만들었지만, 웹 2.0에서는 여러 가지 기술을 사용해 페이지를 만들었다. 넷째, 웹 1.0의 사용자 참여는 제한적이었으나, 웹 2.0에서는 사용자 간의 협력과 참여가 핵심 요소로 부상했다. 다섯째, 웹 1.0에서는 정보의 양과 품질이 부족했고, 웹 2.0에서는 정보가 몇몇 큰 플랫폼에 집중되면서 신뢰성에 문제가 있었다.

웹 3.0의 정의와 특징

웹 3.0은 웹 2.0의 진화된 버전으로, 웹의 진화 과정에서 중요한 단계를 나타낸다. 웹 3.0은 주로 인공지능과 블록체인 기술을 중심적으로 활용하여 사용자에게 더 개인화된 서비스를 제공한다. 이러한 테크놀로지의 결합은 사용자의 데이터 보호 및 개인정보의 안전성을 높이는 데 크게 기여한다.

웹 2.0에서는 사용자가 콘텐츠를 직접 생성하고 공유할 수 있는 대화형 웹의 형태를 채택했다. 이러한 구조는 중앙 서버나 클라우드 기반 시스템에 주로 의존하여 데이터를 저장했다. 그 결과, 웹 2.0은 사용자에게 언제 어디서나 데이터에 접근할 수 있는 편리성을 제공했지만, 동시에 보안과 개인정보의 취약성 문제를 안게 되었다.

웹 3.0은 이러한 문제점을 극복하기 위해 개발되었다. 웹 3.0의 주요 특징은 데이터를 분산형 네트워크에 저장하는 것이다. 이로 인해 사용자는 자신의 데이터를 직접 소유하고 관리할 수 있게 되었다. 이 구조는 데이터의 보안성을 크게 향상시키고, 사용자의 개인정보 보호를 강화한다.

더불어, 웹 3.0은 중개자의 역할을 크게 줄이거나 제거한다. 중개자는 거래, 계약, 정보 전달 등의 역할을 하며 수수료나 제한을 부과하는 사람이나 기관을 의미한다. 웹 3.0에서는 블록체인과 스마트 계약과 같은 기술을 통해 중개자 없이 거래나 계약, 정보를 공개적이고 불변적으로 기록하고, 자동화하고 검증한다. 이로써 사용자는 거래나 정보에 대한 비용을 줄이고, 권리와 보안을 강화할 수 있다.

결론적으로, 웹 3.0은 웹 2.0의 한계를 극복하며 사용자 중심의 맞춤형 서비스를 제공하는 동시에 데이터의 보안성과 개인정보 보호를 강화하는 새로운 웹의 패러다임을 제시한다.

웹 3.0의 핵심 특징

탈중앙화

웹 3.0을 통해, 사용자는 블록체인과 같은 기술을 활용하여 자신의 정보와 디지털 자산을 독립적으로 관리하게 된다.

의미론적 웹(Semantic Web)

데이터에 부여된 의미를 통해 웹이 더 스마트 해져 사용자에게 보다 맞춤화된 정보를 제공한다.

블록체인 활용

디앱(Decentralized Application, Dapp), 스마트 계약, 암호화폐, NFT 등과 같은 혁신적인 서비스를 이용하여 신뢰와 협업을 강화한다.

토큰 경제

웹에서의 활동과 기여도에 따라 토큰을 보상받아 인터넷 경제에 새로운 패러다임을 제시한다.

이러한 특징들은 웹 3.0이 현재의 인터넷 환경과 어떻게 다른지, 그리고 미래에 어떠한 변화를 가져올지에 대한 중요한 단서를 제공한다.

웹 3.0의 장단점

웹 3.0은 사용자들에게 더 맞춤화된 경험과 개인 데이터와 프라이버시에 대한 더 많은 통제권을 제공하는 것을 목표로 한다. 웹 3.0은 웹 2.0과 비교하여 다음과 같은 장단점을 가지고 있다.

웹 3.0의 장점은 다음과 같다.

분산화

웹 사용자들이 데이터에 대한 통제권을 갖게 해줌으로써 대형 중앙집중식 기업들의 영향력을 줄인다.

의미론적 웹

데이터 간의 연결성을 높여 검색 결과의 정확도를 향상시키고, 사용자 요구와 선호도를 더 잘 파악한다.

인공지능의 활용

자연어 처리 및 기계 학습을 포함한 AI 기술을 통해 웹을 더 지능적이고 적응적으로 만든다.

3D 그래픽

더 현실적이고 몰입감 있는 웹 경험을 제공하며, VR과 AR 같은 새로운 형태의 콘텐츠와 서비스를 가능하게 한다.

공유 지식

오픈소스와 협업을 강화하여 지식과 정보의 쉬운 공유 및 참여를 가능하게 한다.

웹 3.0의 단점은 다음과 같다.

호환성 문제

새로운 기술 및 표준 도입으로 기존 웹 사이트와 애플리케이션과의 호환 문제가 발생하여, 웹 개발자들의 적응과 적용에 어려움이 있을 수 있다.

보안 위협

분산화된 네트워크의 특성상 중앙집중식의 보안 관리 및 감독이 어려울 수 있지만, 블록체인 기술 자체는 그 구조로 인해 보안에 우수하다. 그러나 웹 3.0의 다양한 기술 통합 과정에서 생길 수 있는 새로운 보안 이슈에 대비해야 할 필요가 있다.

개인정보 침해

인공지능을 활용한 사용자 행동 분석 및 예측으로 개인화된 서비스 제공은 가능하나, 사용자의 개인정보와 프라이버시 침해 위험이 존재하며, 사용자들의 데이터 관리 및 보호에 대한 인식이 부족할 가능성이 있다.

사회적 문제

디지털 격차나 불평등이 증가하며 일부 사람들의 웹 자원 독점이나 가상현실과 같은 기술을 통한 현실 도피와 의존 문제 등 사회적 문제의 야기 가능성이 있다.

분산형 인터넷 시스템의 종류와 특징

앞에서 설명한 바와 같이 웹 3.0은 인터넷의 새로운 단계로, 분산형, 탈중앙화, 개인정보 보호, 상호운용성 등의 특징을 가진 웹을 의미한다. 웹 3.0은 기존의 웹 1.0과 웹 2.0과는 다르게 사용자들이 자신의 데이터와 디지털 자산을 스스로 관리하고, 다양한 서비스와 플랫폼 간에 자유롭게 연결하고 협력할 수 있게 해준다.

이러한 웹 3.0을 가능하게 하는 핵심 기술들은 블록체인 플랫폼, 분산형 파일 시스템, 분산형 소셜 네트워크다. 이 기술들은 각각 다른 목적과 방식으로 웹의 구조와 기능을 혁신하고 있다.

주요 블록체인 플랫폼의 종류와 특징

블록체인은 웹 3.0의 기반 기술로, 분산형 데이터베이스와 합의 알고리즘을 통해 신뢰성과 보안성을 제공하는 시스템이다. 블록체인은 스마트 계약과 디앱을 지원하며, 다양한 암호화폐와 토큰을 발행하고 거래할 수 있게 해준다.

다음은 주요 블록체인 플랫폼의 특징과 장단점이다.

이더리움(Ethereum)

2015년에 출시된 가장 인기 있고 널리 사용되는 블록체인 플랫폼이다. 이더리움은 자체 암호화폐인 이더(ETH)를 사용하며 스마트 컨트랙트 지원으로 인해 복잡한 분산형 애플리케이션을 구축할 수 있다. 이더리움 가상 머신(EVM)이라는 환경에서 디앱을 실행한다. 오픈소스이며, 거대한 개발자 커뮤니티와 생태계를 가지고 있다. 다양한 산업과 분야에 적용할 수 있는 범용적이고 유연한 플랫폼이다. 단점은 높은 거래비용과 확장성 문제가 있다. 그러나 이더리움 2.0 자체 업그레이드 및 레이어2(layer2)를 통해 이러한 문제를 해결하려는 시도가 있다.

카르다노(Cardano)

2017년에 출시된 과학적 방법론과 학술 연구에 기반한 블록체인 플랫폼이다. 카르다노는 이더리움의 공동 창립자인 찰스 호스킨슨이 주도한 IOHK라는 기업이 개발했다. 또한, '에이다'라는 자체 암호화폐를 보유하고 있으며, 카르다노의 플랫폼에서 스마트 컨트랙트를 실행할 수 있다. 장점은 매우 안정적이며, 과학적 방법론에 의해 검증된 설계와 기술이라는 점이다. 단점은 아직 전체 기능이 구현되지 않았으며, 개발 속도가 느린 편이라는 점이다.

코스모스(Cosmos)

2019년에 출시된 '인터체인'이라는 개념을 바탕으로 서로 다른 블록체인들이 통신하고 협업할 수 있다. 이를 통해 블록체인 간의 상호 운용성 문제를 해결하려고 한다. 다양한 블록체인 간의 상호 운용성을 제공하여 확장성을 높인다. 그러나 아직 초기 단계에 있어서 개발과 테스트가 충분히 이루어지지 않았다.

폴카닷(Polkadot)

2020년에 출시된 다목적 블록체인 플랫폼이다. 여러 개의 독립적인 체인들로 구성된 네트워크를 제공하여 서로 다른 블록체인 간의 연결과 협업을 가능하게 한다. 블록체인 간의 상호 운용성과 확장성을 높이며, 보안도 강하다. 하지만 아직 초기 단계에 있어서 불확실성과 위험이 있다.

솔라나(Solana)

2020년에 출시된 고성능 블록체인 플랫폼이다. 초당 수만 건의 거래를 처리할 수 있는 고성능 플랫폼이다. 이를 위해 새로운 합의 알고리즘인 '역사 증명(Proof of History)'을 도입했다. 매우 높은 처리 속도와 확장성을 가지지만 아직 테스트와 검증이 충분히 이루어지지 않았으며, 새로운 기술 도입으로 인한 불확실성이 남아 있다.

아발란체(Avalanche)

2020년에 출시된 새로운 세대의 블록체인 플랫폼이다. 다양한 네트워크와 애플리케이션을 지원하며, 초당 수천 건의 거래를 처리할 수 있는 고성능 플랫폼이다. 이를 위해 새로운 합의 알고리즘인 '스노우 패밀리(Snow Family)'를 도입했다. 매우 높은 처리 속도와 확장성을 가지고, 기존의 블록체인 플랫폼과 호환성이 높으며, 사용자가 원하는 대로 네트워크를 구성하고 관리할 수 있다. 그러나 새로운 기술 도입으로 인한 불확실성이 남아 있으며, 보안과 안정성에 대한 고려가 필요하다.

분산형 파일 시스템의 종류와 특징

웹 3.0은 사용자의 데이터 소유권을 보장하고 개인정보 보호를 강화하는 새로운 탈중앙화 웹 플랫폼이다. 기업이나 정부의 감시에서도 데이터를 보호할 수 있으므로 개인정보 보호에 매우 효과적이다.

웹 3.0의 핵심 기술 중 하나인 분산형 파일시스템(Distributed File System, DFS)은 데이터를 여러 노드에 분산하여 저장하는 파일 시스템이다. 중앙 집중식 파일 시스템과 비교하여 보안성, 안정성, 확장성에서 뛰어난 특성을 가지고 있다.

보안성

분산 파일 시스템은 데이터를 여러 노드에 분산하여 저장하기 때문에, 한 곳에서의 공격이나 침입으로 전체 시스템이 위험에 빠지는 경우가 줄어든다. 또한, 데이터의 일부가 손상되더라도 다른 노드들의 데이터를 이용해 원본을 복원할 수 있다.

안정성

분산 파일 시스템은 한 노드가 고장 나더라도 시스템 전체가 중단되지 않는다. 중앙 집중식 시스템에서는 중앙 서버의 문제로 전체 서비스가 중단될 위험이 있다. 또한, 분산 파일 시스템은 자가 복구 기능을 가지고 있어, 데이터 손실이나 노드 고장 시 다른 노드의 데이터를 사용하여 자동으로 복구할 수 있다.

확장성

분산 파일 시스템은 새로운 노드를 추가함으로써 시스템의 용량을 쉽게 늘릴 수 있다. 중앙 집중식 시스템에서는 종종 수직 확장(하드웨어 업그레이드)이 필요한 경우가 많다. 또한, 분산 파일 시스템은 실시간으로 시스템에 노드를 추가하거나 제거하여 용량을 조절할 수 있다.

이러한 장점들로 인해 DFS는 웹 3.0에서 중요한 역할을 할 것으로 예상된다. DFS는 웹 3.0에서 사용자의 데이터를 저장하고, 사용자 간에 데이터를 공유하고, 탈중앙화된 애플리케이션을 실행하는 데 사용될 것이다.

현재 다양한 DFS 프로젝트들이 개발되고 있다. 가장 대표적인 DFS 프로젝트로는 '파일코인(Filecoin)', '알위브(Arweave)', '스토리지(Storj)' 등이 있다.

IPFS(InterPlanetary File System)는 분산 네트워크에서 파일을 저장하고 공유하는 분산형 파일 시스템이다. IPFS는 기존의 HTTP와 달리 파일을 URL로 지정하지 않고, 파일의 해시값으로 지정한다. 이로 인해 IPFS는 기존의 HTTP보다 더 빠르고 효율적으로 파일을 공유할 수 있다. 또한, IPFS는 분산 네트워크에서 파일을 저장하기 때문에 중앙집중식 서버에 대한 의존도를 줄일 수 있다.

파일코인은 IPFS를 기반으로 한 분산형 파일 저장 및 공유 플랫폼이다. 파일코인은 사용자들이 컴퓨터에 여유 공간을 제공하여 파일을 저장하고, 저장한 파일의 용량에 따라 보상을 받도록 설계되었다.

알위브는 데이터를 영구적으로 저장하고 공유할 수 있는 분산형 파일 저장 플랫폼이다. 알위브는 블록위브(Blockweave)라는 블록체인 기술의 변형을 사용하여 각 블록이 이전 블록과 임의의 이전 블록에 연결되도록 한다. 알위브는 아직 개발 단계에 있지만 빠르게 성장하고 있다.

스토리지는 사용자의 데이터를 암호화하여 여러 개의 노드에 분산 저장하는 분산형 파일 저장 플랫폼이다. 스토리지는 사용자들이 자신의 컴퓨터에 여유 공간을 제공하여 파일을 저장하고, 저장한 파일의 용량에 따라 보상을 받도록 설계되었다.

DFS는 사용자의 데이터 소유권을 보장하고 개인정보 보호를 강화하는 핵심 기술이다. DFS의 개발은 웹 3.0의 발전에 크게 기여할 것으로 기대된다.

분산형 소셜 네트워크의 종류와 특징

분산형 소셜 네트워크(Distributed Social Network, DSN)는 웹 3.0의 핵심 기술 중 하나로, 여러 개의 노드에 데이터를 분산하여 저장하는 시스템을 의미한다. 중앙 집중식 서버가 없기 때문에 사용자의 개인정보를 보호할 수 있다. 또한, 정부나 기업의 검열을 받지 않는다. 암호화 기술을 사용하여 사용자의 데이터를 보호하며, 노드들이 서로 연결되어 있기 때문에 쉽게 확장할 수 있다. 아직 초기 단계에 있기 때문에 사용자 기반이 작으며 기능이 제한적이다. DSN은 기술적으로 복잡하기 때문에 일반 사용자들이 사용하기 어려울 수 있다. 현재 다양한 DSN 프로젝트들이 개발되고 있으며, 대표적인 DSN 프로젝트로는 다음과 같다.

마스토돈(Mastodon)은 액티비티펍(ActivityPub)이라는 오픈소스 프로토콜을 기반으로 한 탈중앙화 소셜미디어 플랫폼이다. 마스토돈은 2016년에 설립되었으며, 현재 전 세계적으로 약 600만 명의 사용자를 보유하고 있다. 마스토돈은 사용자들이 자신의 의견이나 생각을 자유롭게 표현하고, 다른 사용자들과 소통할 수 있는 플랫폼이다. 또한, 마스토돈은 블록체인 기술을 사용하여 사용자의 데이터 소유권과 프라이버시를 보호한다.

디소셜(Decentralized Social) 은 DeSo라는 오픈소스 프로토콜과 블록체인을 기반으로 한 탈중앙화 소셜미디어 플랫폼이다. 디소셜은 2021년에 설립되었으며, 현재 전 세계적으로 약 500만 명의 사용자를 보유하고 있다. 디소셜은 블록체인 기술을 사용하여 사용자의 데이터 소유권과 프라이버시를 보호한다. 또한, 디소셜은 사용자들의 콘텐츠에 대해

DeSo 코인으로 보상하는 시스템을 도입하여, 사용자들의 창작물을 활성화한다.

비트클라우트(BitClout)는 비트클라우트라는 오픈소스 프로토콜과 블록체인을 기반으로 한 탈중앙화 소셜미디어 플랫폼이다. 비트클라우트는 2021년에 설립되었으며, 현재 전 세계적으로 약 300만 명의 사용자를 보유하고 있다. 비트클라우트는 블록체인 기술을 사용하여 사용자의 데이터 소유권과 프라이버시를 보호한다. 또한, 비트클라우트는 사용자들의 콘텐츠에 대해 비트클라우트 코인으로 보상하는 시스템을 도입하여 사용자들의 창작물을 활성화한다.

스팀잇(Steemit)은 스팀(Steem)이라는 오픈소스 프로토콜과 블록체인을 기반으로 한 탈중앙화 소셜미디어 플랫폼이다. 스팀잇은 2016년에 설립되었으며, 현재 전 세계적으로 약 100만 명의 사용자를 보유하고 있다. 스팀잇은 블록체인 기술을 사용하여 사용자의 데이터 소유권과 프라이버시를 보호한다. 또한, 사용자들의 콘텐츠에 대해 스팀 코인으로 보상하는 시스템을 도입하여 사용자들의 창작물을 활성화한다.

블루스카이(BlueSky)는 AT 프로토콜(AT Protocol)이라는 오픈소스 프로토콜을 기반으로 한 탈중앙화 소셜미디어 플랫폼이다. 블루스카이는 2019년에 설립되었으며, 현재 전 세계적으로 약 100만 명의 사용자를 보유하고 있다.

분산형 소셜 네트워크는 아직 초기 단계에 있지만, 향후 사용자들이 자신의 데이터를 직접 관리하고, 검열과 조작에 저항할 수 있는 새로운 소셜 네트워크 생태계를 만들어낼 수 있을 것으로 기대된다.

중앙화 · 탈중앙화(분산형) 소셜미디어의 비교분석

소셜미디어 플랫폼은 인터넷을 통해 사람들이 서로 소통하고 정보를 공유할 수 있는 온라인 서비스다. 현재 세계 인구의 절반 가까이가 소셜미디어를 사용하고 있으며, 이는 큰 비즈니스 기회를 제공한다. 그러나 소셜미디어 플랫폼은 각각의 특징과 장단점을 가지고 있으며, 사용자들의 선호도와 목적에 따라 선택이 달라진다. 현재 소셜미디어 시장은 매우 경쟁적이며, 새로운 트렌드와 기술과 법률과 정책 등의 변화에 민감하게 반응하고 있으며, 소셜미디어 플랫폼들은 사용자들의 요구와 만족도를 충족시키기 위해 지속적으로 혁신하고 개선하고 있다. 대표적인 중앙화 소셜미디어 플랫폼으로는 페이스북, 인스타그램, 유튜브, 트위터, 스냅챗(Snapchat), 텔레그램, 위챗(WeChat), 그리고 틱톡 등이 있다.

중앙화 소셜미디어의 장점은 다음과 같다. 첫째, 사용자들에게 편리하고 안정적이고 친숙한 서비스를 제공한다. 둘째, 사용자들의 데이터를 보호하고 관리하기 위해 보안과 규제를 강화한다. 셋째, 사용자들의 콘텐츠와 활동에 대해 보상과 수익을 제공한다. 넷째, 사용자들의 관심과 취향에 맞추어 콘텐츠를 추천하고 정렬한다. 다섯째, 사용자들에게 다양한 기능과 옵션을 제공한다.

중앙화 소셜미디어의 단점은 다음과 같다. 첫째, 사용자들의 데이터와 콘텐츠에 대한 권한과 통제력을 제한한다. 둘째, 사용자들의 의견과 표현의 자유를 억압하고 검열할 수 있다. 셋째, 사용자들의 개인정보와 프라이버시를 침해하고 유출할 수 있다. 넷째, 사용자들의 콘텐츠와 활동에 대한 보상과 수익을 부당하게 차감하거나 배분할 수 있다. 다섯째, 사용자들에게 원하지 않는 콘텐츠나 광고를 강요하거나 조작할 수 있다.

반면에 탈중앙화 소셜미디어는 네트워크 참여자들의 합의에 의해 정보를 공유하고 소통하는 플랫폼이다. 탈중앙화 소셜미디어의 장점은 다음과 같다. 첫째, 사용자들이 데이터와 콘텐츠에 대한 권한과 통제력을 가진다. 둘째, 사용자들의 의견과 표현의 자유를 존중하고 보장한다. 셋째, 사용자들의 개인정보와 프라이버시를 보호하고 암호화한다. 넷째, 사용자들의 콘텐츠와 활동에 대한 보상과 수익을 공정하게 분배하거나 결정할 수 있다. 다섯째, 사용자들이 원하는 콘텐츠나 광고를 선택하거나 거부할 수 있다.

탈중앙화 소셜미디어의 단점은 다음과 같다. 첫째, 사용자들에게 복잡하고 불안정하고 낯선 서비스를 제공한다. 둘째, 사용자들의 데이터를 보호하고 관리하기 위해 기술과 지식을 요구한다. 셋째, 사용자들의 콘텐츠와 활동에 대한 보상과 수익을 반드시 보장하거나 예측할 수 없다. 넷째, 사용자들에게 제한적이거나 부족한 기능과 옵션을 제공한다.

앞으로도 중앙화된 소셜미디어는 큰 인기를 누리며 대중적인 플랫폼으로서의 위치를 지속할 것으로 예상된다. 그러나 그들이 성장하고 발전하기 위해서는 몇 가지 중요한 변화가 필요하다. 특히, 사용자들의 데이터와 콘텐츠에 대한 권리와 가치를 인정하고 보상하는 방안을 마련해야 한다. 더불어 사용자의 의견과 표현의 자유를 존중하고 보호하는 것 또한 중요하다. 개인정보와 프라이버시에 대한 보호와 유지 노력은 필수적이며, 다양한 선택권과 투명성을 제공하는 것 역시 중요하다.

이러한 변화와 개선을 통해 중앙화된 소셜미디어는 사용자들에게 더 나은 서비스를 제공하고, 그들의 믿음과 신뢰를 얻을 수 있을 것이다.

탈중앙화 소셜미디어는 급속한 성장세를 보이며 미래의 주요 플랫폼으로 부상하고 있다. 이를 위해서는 사용자 중심의 서비스 제공이 필요하다. 먼저, 사용자에게 편리하고 안정적이며 친숙한 서비스를 제공하는 것이 중요하다. 그리고 사용자들의 데이터 보호와 관리를 위한 간편하고 이해하기 쉬운 기술과 지식을 제공해야 한다. 사용자들의 콘텐츠 생성 및 활동에 대한 보상과 수익은 안정적이고 예측 가능하게 유지되어야 한다. 또한 사용자의 관심과 취향에 따라 콘텐츠를 추천하고 정렬하는 알고리즘이 필요하며, 다양한 기능과 옵션을 제공하여 개인화된 경험을 제공하는 것도 중요하다. 이렇게 탈중앙화 소셜미디어가 사용자 중심의 변화와 개선을 지속적으로 추구한다면, 더욱 강력하고 영향력 있는 플랫폼으로 성장할 수 있을 것이다.

웹 3.0 플랫폼의 적용분야 및 사례

웹 3.0 플랫폼은 오늘날의 인터넷과 달리 정부나 기업이 아닌 사용자와 애플리케이션 간에 분산된 통신과 상호작용을 가능하게 한다. 웹 3.0 플랫폼은 다양한 분야에서 활용될 수 있다.

메시징

웹 3.0 기반의 메시징 애플리케이션은 사용자들이 중앙 집중식 서버에 저장되지 않는 메시지를 주고받을 수 있다. 이로 인해 사용자들은 더 안전하고 프라이버시가 보호된 환경에서 메시지를 주고받을 수 있다. '스테이터스(Status)'는 2015년에 설립된 분산형 메시징 네트워크의 선두주자다. 스테이터스는 암호화된 메시징 서비스인 스테이터스 챗(Status Chat)을 제공한다. 스테이터스 챗은 사용자의 위치를 공유하고, 친구와 대화하고, 그룹 채팅을 만들고, 사진과 동영상을 공유할 수 있다.

소셜 네트워크

웹 3.0 기반의 소셜 네트워크 애플리케이션은 사용자들이 중앙 집중식 서버에 저장되지 않는 콘텐츠를 공유하고 참여할 수 있다. 이로 인해 사용자들은 더 안전하고 프라이버시가 보호된 환경에서 콘텐츠를 공유하고 참여할 수 있다. '마스토돈(Mastodon)'은 사용자들이 자신의 서버를 선택하거나 만들 수 있어 원하는 커뮤니티와 규칙에 따라 소셜 네트워크를 이용할 수 있다.

교환(Exchange) 서비스

웹 3.0 기반의 교환 서비스 애플리케이션은 사용자들이 중앙 집중식 거래소를 거치지 않고 토큰을 교환할 수 있다. 이로 인해 사용자들은 더 저렴하고 빠르게 토큰을 교환할 수 있다. '유니스왑'은 웹 3.0 기반의 교환 서비스 애플리케이션으로, 사용자가 이더리움 네트워크상의 다양한 토큰을 자유롭게 교환할 수 있다. 탈중앙화된 방식으로 작동하며, 사용자는 자신의 지갑에서 직접 거래할 수 있다.

데이터 저장

웹 3.0 기반의 데이터 저장(Storage) 애플리케이션은 사용자들이 중앙 집중식 스토리지(Storage)를 거치지 않고 데이터를 저장할 수 있다. 이로 인해 사용자들은 더 안전하고 저렴하게 데이터를 저장할 수 있다. '파일코인'은 웹 3.0 기반의 스토리지 애플리케이션으로, 사용자가 자신의 여분의 디스크 공간을 다른 사용자에게 제공하고 파일코인(FIL)이라는 암호화폐로 보상을 받을 수 있다.

은행

웹 3.0 기반의 은행 애플리케이션은 사용자들이 중앙 집중식 은행을 거치지 않고 금융 서비스를 받을 수 있다. 이로 인해 사용자들은 더 저렴하고 편리하게 금융 서비스를 받을 수 있다. '메이커다오'는 웹 3.0 기반의 은행 애플리케이션으로, 사용자가 ETH를 담보로 하여 '다오'라는 스테이블 코인을 발행할 수 있다.

스트리밍

웹 3.0 기반의 스트리밍 애플리케이션은 사용자들이 중앙 집중식 스트리밍 서비스 제공자를 거치지 않고 콘텐츠를 스트리밍 할 수 있다. 이로 인해 사용자들은 더 저렴하고 다양한 콘텐츠를 스트리밍 할 수 있다. '오디우스(Audius)'는 웹 3.0 기반의 스트리밍 애플리케이션으로, 사용자가 자신의 음악을 업로드하고 공유할 수 있다. 음악가들에게 '오디오(AUDIO)'라는 암호화폐로 보상을 지급하며, 사용자는 '오디오'를 통해 음악가들과 상호작용하거나 플랫폼에서 더 많은 권한을 얻을 수 있다.

브라우징

웹 3.0 기반의 브라우징 애플리케이션은 사용자들이 중앙 집중식 브라우저를 거치지 않고 웹을 탐색할 수 있다. 이로 인해 사용자들은 더 안전하고 프라이버시가 보호된 환경에서 웹을 탐색할 수 있다. '브레이브(Brave)'는 웹 3.0 기반의 브라우징 애플리케이션으로, 사용자가 자신의 개인정보를 보호하고 웹 콘텐츠를 빠르게 탐색할 수 있다.

게임

웹 3.0 기반의 게임 애플리케이션은 사용자들이 중앙 집중식 게임 플랫폼을 거치지 않고 게임을 즐길 수 있다. 이로 인해 사용자들은 더 저렴하고 다양한 게임을 즐길 수 있다. '샌드박스(Sandbox)'는 웹 3.0 기반의 게임 메타버스 플랫폼으로, 사용자가 자신의 가상 세계를 만들고 탐험하고 공유할 수 있다.

쇼핑

웹 3.0 기반의 쇼핑 애플리케이션은 사용자들이 중앙 집중식 쇼핑 플랫폼을 거치지 않고 상품을 구매하거나 판매할 수 있다. 이로 인해 사용자들은 더 저렴하고 투명하고 안전한 쇼핑 경험을 할 수 있다. '오픈바자(OpenBazaar)'는 웹 3.0 기반의 쇼핑 애플리케이션으로, 사용자가 자신의 온라인 상점을 만들고, 다른 사용자와 직접 거래할 수 있다. 오픈바자는 중앙 집중식 서버나 중개자가 없으며, 사용자는 암호화폐로 결제할 수 있다.

NFT

NFT는 블록체인 기술을 기반으로 한 디지털 자산이다. NFT는 고유한 특성을 가지고 있어 복제하거나 위조할 수 없다. NFT는 디지털 아트, 음악, 게임 아이템 등 다양한 분야에서 활용될 수 있다. '보어드 에이프 요트 클럽'은 NFT로 발행된 디지털 아트다. 보어드 에이프 요트 클럽은 고유한 특성을 가지고 있으며, NFT 소유자는 보어드 에이프 요트 클럽 커뮤니티에 참여할 수 있다.

메타버스

메타버스는 사용자들이 현실과 같은 경험을 할 수 있는 가상 세계다. 메타버스는 게임, 교육, 엔터테인먼트 등 다양한 분야에서 활용될 수 있다. 디센트럴랜드(Decentraland)는 메타버스 플랫폼으로, 사용자들이 자신의 가상 세계를 만들고, 탐험하고, 공유할 수 있다. 디센트럴랜드는 게임, 교육, 엔터테인먼트 등 다양한 분야에서 활용될 수 있다.

웹 3.0 플랫폼은 아직 초기 단계에 있지만, 거의 모든 산업분야에서 그 잠재력은 매우 크다. 기존의 인터넷보다 더 사용자 친화적이고, 안전하고, 개인화된 경험을 제공할 것으로 기대된다.

웹 3.0에서 인공지능의 역할

웹 3.0은 인터넷의 새로운 패러다임으로, 사용자 중심의 탈중앙화 디지털 생태계를 구축하는 것을 목표로 한다. 웹 3.0은 블록체인 기술과 스마트 계약을 활용하여 사용자 간의 직접적인 상호작용과 데이터 및 디지털 자산의 소유권을 보장한다. 이러한 웹 3.0의 비전을 실현하기 위해서는 인공지능이 필수적인 역할을 할 것으로 예상된다.

다음은 인공지능이 웹 3.0에 미칠 수 있는 잠재적인 영향들이다.

사용자 경험 개선

인공지능은 사용자의 데이터를 분석하여 사용자의 관심사와 취향을 파악할 수 있다. 이를 통해 사용자에게 개인화된 콘텐츠를 제공할 수 있다. 예를 들어, 인공지능은 사용자가 검색한 콘텐츠, 시청한 동영상, 구매한 상품 등을 분석하여 사용자에게 맞는 콘텐츠를 추천할 수 있다. 또한, 인공지능은 사용자와의 대화를 통해 사용자의 질문에 답변하거나 사용자의 피드백을 수집하여 서비스를 개선할 수 있다.

보안 강화

인공지능은 사용자의 데이터를 분석해 이상 징후를 발견하고, 이를 통해 사용자의 데이터를 보호할 수 있다. 예를 들어, 인공지능은 사용자의 로그인 패턴을 분석해 이상 징후를 발견하고, 사용자의 계정을 보호할 수 있다. 또한, 인공지능은 스마트 계약의 내용과 기능을 검사해 오류나 취약점을 찾고, 거래의 합법성과 효율성을 보장할 수 있다.

새로운 기능 개발

인공지능은 새로운 기능을 개발해 웹 3.0을 더욱 발전시킬 수 있다. 예를 들어, 인공지능은 블록체인 네트워크의 데이터와 거래를 처리하는 속도와 정확도를 최적화할 수 있다. 또한, 인공지능은 사용자의 데이터를 활용해 창의적인 콘텐츠를 생성할 수 있다. 인공지능은 사용자의 데이터로 예술, 음악, 글, 소셜미디어 게시물 등을 생성할 수 있다.

이와 같이 인공지능은 웹 3.0의 미래를 이끌 핵심 기술로서, 그 잠재력을 최대한 발휘하게 될 것이다. 사용자의 데이터를 세밀하게 분석하여 맞춤형 콘텐츠를 제공하며, 보안 수준을 끊임없이 강화해나갈 것이다. 더불어 새로운 기능들을 개발하여 웹 3.0의 발전에 중추적인 역할을 담당할 것이다. 인공지능과 웹 3.0의 융합은 인터넷의 미래를 전례없는 방식으로 혁신하고, 사회를 변화시키는 무한한 가능성을 열게 될 것으로 전망된다.

웹 3.0의 미래

웹 3.0은 블록체인과 같은 탈중앙화 기술을 활용하여 사용자들이 데이터와 콘텐츠에 대한 소유권과 통제권을 갖게 하는 새로운 웹 패러다임을 제시한다. 이것은 기존의 중앙화된 인터넷과는 본질적으로 다른 방향성을 가지고 있다.

웹 3.0의 발전방향

탈중앙화 및 플랫폼의 안정성 증대

탈중앙화는 인터넷 서비스의 안정성과 보안성을 높여주는 한편, 플랫폼의 독점과 검열을 방지하고, 개인정보와 개인재산을 보호하는 데에 중요한 역할을 한다. 또한, 이를 통해 참여자들이 협력하고 보상받을 수 있는 새로운 경제 모델을 가능하게 한다. 디파이와 탈중앙화 자율 조직(DAO)은 이러한 변화의 두드러진 예다. 웹 3.0의 미래는 탈중앙화가 인터넷의 모든 층에 걸쳐 적용되고, 플랫폼의 안정화가 신뢰와 혁신을 증진시키는 방향으로 발전할 것이다.

탈중앙화 소셜미디어의 성장

웹 3.0은 소셜미디어 분야에서도 중요한 변화를 가져올 것이다. 탈중앙화된 소셜미디어 플랫폼은 사용자에게 그들의 데이터와 콘텐츠에 대한 소유권과 수익권을 보장하며, 광고 없이 순수한 커뮤니케이션과 창작을 즐길 수 있는 기회를 제공한다. 이러한 플랫폼은 또한 사용자들이 그들의 관심사와 가치관에 따라 다양한 커뮤니티에 자유롭게 참여하고, 건강하고 윤리적인 소셜 네트워킹 문화를 만들 수 있게 한다. 탈중앙화 소셜미디어의 성장과 성숙은 웹 3.0의 미래에 결정적인 영향을 미칠 것이다.

계정 추상화(Account Abstraction)

웹 3.0은 인터넷을 더 편리하고 맞춤화된 방식으로 사용할 수 있게 해주는 새로운 웹의 세대다. 웹 3.0에서는 '계정 추상화'라는 기술이 적용된다. 계정 추상화란 사용자가 자신의 웹 계정을 마치 프로그램처럼 만들고 바꿀 수 있게 해주는 기술이다. 예를 들어, 사용자는 자신의 웹 계정에 비밀번호 대신 지문이나 얼굴 인식을 사용하거나, 원하는 코인이나 토큰을 선택하거나, 원하는 애플리케이션에 접근 권한을 부여하거나, 원하는 사람과 데이터를 공유할 수 있다. 이렇게 하면 사용자는 웹을 더욱 자유롭고 편리하게 이용할 수 있으며, 더욱 다양하고 풍부한 웹 경험을 즐길 수 있다. 웹 3.0은 계정 추상화와 같은 기술로 인터넷의 미래를 바꿔가고 있다.

응용서비스 개발과 상호 운용성 확대

웹 3.0은 블록체인, 암호화폐, NFT, 메타버스 등의 기술을 활용한 새로운 웹 서비스와 애플리케이션의 개발을 촉진하며, 이러한 서비스들이 서로 호환되고 연동될 수 있게 하는 상호 운용성을 확대한다. 이를 통해 새로운 가치와 비즈니스 모델을 창출하고, 새로운 웹 생태계를 구축하는 데에 중요한 기여를 한다.

인터넷의 새로운 패러다임

웹 3.0의 혁신적, 창조적, 협력적인 가능성은 인터넷의 새로운 패러다임을 구축하는 데 있어 근본적인 역할을 할 것이다. 이 새로운 패러다임은 기존의 웹 2.0이 미처 실현하지 못했던 획기적인 변화들을 수행하며, 사용자들의 데이터와 콘텐츠의 권리, 프라이버시 보호, 그리고 진정한 디지털 자유를 실현하게 된다.

빅테크 기업들은 웹 3.0의 가능성을 완전히 이해하고 적용함으로써, 새로운 비즈니스 모델을 구축하고 경제적 가치를 창출하는 데 중요한 역할을 할 수 있을 것이다. 한편, 사용자들은 웹 3.0의 특성을 잘 이해하고 활용하면, 이는 그들의 디지털 자산과 프라이버시를 보호하며, 디지털 경험을 향상시키고, 디지털 삶의 질을 높이는 데 크게 기여할 것이다.

이러한 변화는 개개인뿐만 아니라 사회 전체에 긍정적인 영향을 미칠 것이다. 웹 3.0은 인터넷이 어떻게 발전하고 진화하는지에 대한 새로운 시각을 제공하며, 그 과정에서 인터넷 사용자들이 자신의 디지털 세계를 어떻게 구축하고 관리할지에 대한 새로운 기회를 제공하게 된다.

따라서, 웹 3.0의 출현은 우리가 인터넷을 이해하고 사용하는 방식에 근본적인 변화를 가져올 것이다. 이 새로운 패러다임은 사용자 중심의 인터넷 환경을 제공하며, 더욱 안전하고 혁신적이고 협력적인 디지털 경험을 가능하게 할 것이다.

웹 3.0의 전망은 더 나은 디지털 세상을 위한 우리 모두의 공동의 노력을 필요로 한다. 이 새로운 패러다임이 혁신과 변화의 원동력이 되기 위해서는 기업, 정부, 시민사회, 그리고 개인들이 모두 이 변화를 받아들이고, 이해하고, 적용하고, 그리고 이 변화를 위한 새로운 방법을 찾아내는 것이 필요하다. 웹 3.0의 시대는 이미 시작되었으며, 우리는 그 가치를 실현하고, 그 도전을 극복하고, 그 가능성을 탐구하고, 그 미래를 구축하기 위한 여정에 참여하고 있다. 우리의 결정과 행동이 웹 3.0의 성공과 실패, 그리고 우리의 디지털 미래를 결정할 것이다.

결론적으로, 웹 3.0은 인터넷의 새로운 패러다임으로서, 인터넷의 발전과 혁신을 주도하며, 인터넷 사용자들의 권리와 가치를 실현하며, 인터넷의 자유와 공정성과 효율성을 증진시킬 것이다. 이 새로운 패러다임은 우리가 인터넷을 이해하고 사용하는 방식을 완전히 바꿀 것이다. 그리고 그 변화는 우리 모두에게 더 나은 디지털 세상을 제공할 것이다.

6장

메타버스

Convergence of blockchain
and artificial intelligence

메타버스란 무엇인가?

메타버스란 가상, 초월을 의미하는 '메타(Meta)'와 세계, 우주를 의미하는 '유니버스(Universe)'를 합성한 신조어로, '가상 우주'라고 번역하기도 한다. 1992년 출간한 닐 스티븐슨의 소설《스노 크래시》에서 가장 먼저 사용된 용어다. 메타버스는 실제 생활과 법적으로 인정한 활동인 직업, 금융, 학습 등이 연결된 3차원 가상 세계 또는 현실감 있는 4차원 가상 시공간을 뜻한다. 가상현실(VR)과 증강현실(AR)을 결합한 상위 개념으로서 현실을 디지털 기반의 가상 세계로 확장해 가상 공간에서 모든 활동을 할 수 있게 만드는 시스템이다. 구체적으로 정치와 경제, 사회, 문화 전반적 측면에서 현실과 비현실이 공존하는 생활형, 게임형 가상 세계라는 의미로 폭넓게 사용된다.

메타버스는 현재까지 명확한 정의가 확립되지 않았으며, 학자나 기관마다 나름의 정의를 내리고 있다. 예를 들어, 미국전기전자학회의 표준에 따르면 메타버스는 "지각되는 가상세계와 연결된 영구적인 3차원 가상 공간들로 구성된 진보된 인터넷"이라는 의미를 지닌다. 페이스북의 창업자인 마크 저커버그(Mark Zuckerberg)는 메타버스를 "현실 세계와 같은 사회적 · 경제적 활동이 통용되는 3차원 가상공간"으로 설명하며, 자신의 회사의 이름을 '메타'로 바꾸고 메타버스 개발에 주력하겠다고 밝힌 적이 있다.

메타버스에 접근하기 위해서는 다양한 장치들이 필요하다. 가장 대표적인 것은 VR 장치로, 헤드셋과 컨트롤러 등을 이용해 완전히 몰입할 수 있는 3차원 가상 공간을 체험할 수 있다. VR 장치에는 스탠드얼론(Standalone) 타입과 PC 연결 타입이 있으며, 각각의 장단점이 있다. 스탠드얼론 타입은 설치가 간편하고 다양한 콘텐츠를 저렴한 가격으로 즐길 수 있지만, 성능이 낮고 배터리 용량이 제한적이다. PC 연결 타입은 PC의 성능을 활용하여 고화질의 영상이나 복잡한 그래픽을 표현할 수 있고, PC VR 게임을 즐길 수 있지만, 설치가 복잡하고 비용이 높으며 움직임이 제한될 수 있다. AR 장치는 현실 공간에 2D 또는 3D로 표현한 가상의 물체를 겹쳐 보이게 하여 상호작용하는 환경을 제공한다. AR 장치에는 스마트폰, 스마트글라스, 헤드업 디스플레이 등이 있다. 스마트폰은 카메라와 화면을 이용해 AR을 구현할 수 있는 가장 저렴하고 편리한 장치다. 스마트글라스는 안경 형태의 장치로, 렌즈나 디스플레이에 가상의 이미지를 투영하거나 반사하여 AR을 구현한다. 헤드업 디스플레이는 차량의 앞 유리나 헬멧에 정보를 표시하는 장치로, 운전이나 비행 등에 유용하다.

메타버스에서는 혼자서 혹은 친구들과 함께 즐길 수 있는 다양한 활동들이 가능하다. 예를 들어, 가상 콘서트에 참여하거나 역사적 사건을 직접 목격하거나 다른 행성을 탐험하거나 체스를 하거나 쇼핑을 하거나 회의를 하거나 등등이다. 메타버스는 현실에서 충족할 수 없는 것들을 충족할 수 있는 무한한 가능성을 열어준다.

메타버스의 주요 특징

메타버스의 주요 특징은 다음과 같다.

현실과 가상의 융합

메타버스는 현실 세계와 가상 세계가 서로 연결되고 상호작용하는 공간이다. 메타버스에서는 현실에서 할 수 없는 것들을 가상에서 할 수 있으며, 가상에서 얻은 것들을 현실에서 사용할 수 있다. 예를 들어, 메타버스에서는 다른 행성이나 역사적 장면을 방문하거나, 슈퍼히어로나 동물로 변신하거나, 다른 사람들과 소통하거나, 쇼핑하거나, 교육을 받거나, 엔터테인먼트를 즐기는 등의 활동이 가능하다. 또한, 메타버스에서 얻은 가상화폐나 아이템, 정보 등을 현실에서 환전하거나 교환하거나 활용할 수 있다. 이러한 현실과 가상의 융합은 메타버스의 가장 큰 매력이자 잠재력이며, 다음과 같은 다양한 사례들로 이미 실현되고 있다.

가상 콘서트

메타버스에서는 현실에서 볼 수 없는 공연을 즐길 수 있다. 예를 들어, '포트나이트(Fortnite)'라는 게임에서는 트래비스 스콧(Travis Scott), 마셜 메더스(Marshall Mathers), 아리아나 그란데(Ariana Grande) 등의 유명 가수들이 가상 콘서트를 열었다. 이러한 콘서트에는 수백만 명의 사용자들이 참여했으며, 현실보다 더 화려하고 환상적인 경험을 제공했다.

증강현실

메타버스에서는 현실 공간에 가상의 물체나 정보를 겹쳐 보이게 하여 새로운 환경을 제공한다. 예를 들어, '포켓몬고(Go)'라는 게임에서는 스마트폰의 카메라와 GPS를 이용하여 현실 세계에 포켓몬이 존재하는 것처럼 보이게 했다. 이러한 게임은 사용자들에게 현실과 가상의 경계를 흐리게 하는 재미를 준다.

가상화폐와 NFT

메타버스에서는 가상화폐와 NFT라는 새로운 형태의 자산이 생성되고 유통된다. 가상화폐는 메타버스에서 사용되는 화폐로, 현실 화폐와 교환할 수 있다. NFT는 메타버스에서 소유권을 증명하는 디지털 자산으로, 아트워크, 음악, 동영상, 게임 아이템 등이 NFT로 발행될 수 있다. 이러한 자산은 메타버스의 가치를 현실로 전달하고, 현실의 자산을 메타버스로 옮기는 역할을 한다. 이와 같이 메타버스는 현실과 가상의 융합을 통해 인간의 삶과 사회에 많은 변화와 가능성을 제시하고 있다.

다양한 장치와 플랫폼의 연결

메타버스에 접속하기 위해서는 다양한 장치와 플랫폼이 필요하다. VR 장치, AR 장치, 스마트폰, 컴퓨터, 스마트워치 등의 기기들이 메타버스에 접속할 수 있는 도구가 될 수 있다. 이러한 장치들은 서로 호환되고 연결되어 메타버스의 경계를 넓혀준다. 예를 들어, VR 장치를 착용한 사람과 스마트폰을 사용하는 사람이 같은 가상 공간에서 만나서 대화하거나 게임을 할 수 있다. 또한, 다양한 플랫폼과 서비스들이 메타버스에 통합되어 사용자들에게 다양한 선택지와 경험을 제공한다. 예를 들어, 메타, 구글, 마이크로소프트, 넷마블, 엔씨소프트 등의 기업들이 자신들의 메타버스 플랫폼과 서비스를 개발하고 있다. 이러한 연결의 사례는 다음과 같다.

가상현실(VR) 장치와 스마트폰의 연결

VR 장치는 메타버스에 몰입할 수 있는 가장 강력한 도구다. 하지만 VR 장치를 사용하기 위해서는 고성능의 PC나 케이블 등이 필요하거나, 비용이 부담스럽거나, 휴대성이 떨어지는 문제가 있다. 이러한 문제를 해결하기 위해 스마트폰과 VR 장치를 연결하는 방법이 개발되고 있다. 예를 들어, 메타의 '메타 퀘스트 3(Meta Quest 3)'는 스마트폰과 무선

에서 쇼핑을 즐길 수 있다. 메타버스 쇼핑은 VR이나 AR과 같은 기술을 활용하여 현실감 있는 가상의 공간에서 쇼핑을 할 수 있다. 사용자들은 자신의 아바타를 만들고, 원하는 상품을 직접 시도하거나 비교하거나 구매할 수 있다. 메타버스 쇼핑은 NFT와 같은 디지털 자산을 구매할 수 있는 기회를 제공한다. 예를 들어, 구찌는 메타버스에서 자신의 패션 컬렉션을 NFT로 발행하고 판매하는 '구찌 가든(Gucci Garden)'을 만들었다. 메타버스 쇼핑은 현실과 연동되는 쇼핑을 가능하게 한다. 메타버스에서 구매한 상품이나 서비스는 현실에서도 사용할 수 있도록 전달되거나 연결된다. 예를 들어, 아마존은 메타버스에서 상품을 구매하면 현실에서 배송받을 수 있는 '아마존 프라임(Amazon Prime)' 서비스를 제공한다. 메타버스 쇼핑은 현실 쇼핑과 비교할 수 없는 차별화된 가치와 경쟁력을 가지고 있으므로, 소비자들의 관심과 만족도를 높일 수 있다.

이처럼 메타버스는 디지털 경제를 통해 사용자들에게 새로운 가치와 기회를 제공하고 있다. 메타버스는 인간의 삶과 사회를 변화시킬 수 있는 미래의 기술로서, 많은 관심과 기대가 필요하다.

메타버스 플랫폼의 종류와 경쟁현황

메타버스 플랫폼은 그 특징에 따라 다양한 방식으로 분류될 수 있다. 가장 일반적인 분류 방법은 다음과 같다.

목적에 따른 분류

게임형 메타버스

게임을 목적으로 하는 메타버스 플랫폼이다. 대표적인 예로는 로블록스, 포트나이트, 제페토(ZEPETO), 샌드박스 등이 있다.

커뮤니케이션형 메타버스

커뮤니케이션을 목적으로 하는 메타버스 플랫폼이다. 대표적인 예로는 게더타운(Gather.town), 줌, 구글 미트(Google Meet) 등이 있다.

업무형 메타버스

업무를 목적으로 하는 메타버스 플랫폼이다. 대표적인 예로는 마이크로소프트 팀즈(Microsoft Teams), 구글 워크스페이스(Google Workspace), 줌 등이 있다.

기술 구현방식에 따른 분류

2D 메타버스

2D 그래픽을 기반으로 하는 메타버스 플랫폼이다. 대표적인 예로는 페이스북, 트위터, 인스타그램 등이 있다.

3D 메타버스

3D 그래픽을 기반으로 하는 메타버스 플랫폼이다. 대표적인 예로는 로블록스, 포트나이트, 제페토 등이 있다.

가상현실(VR) 메타버스

가상현실 헤드셋을 통해 몰입감 있는 경험을 제공하는 메타버스 플랫폼이다. 대표적인 예로는 메타 퀘스트(Meta Quest), 플레이스테이션 VR 등이 있다.

증강현실(AR) 메타버스

현실 세계에 가상의 요소를 결합하여 제공하는 메타버스 플랫폼이다. 대표적인 예로는 포켓몬고, 스냅챗, 애플 비전 프로 등이 있다.

거버넌스에 따른 분류

중앙집권형 메타버스

한 기업이나 단체가 모든 권한을 가지고 운영하는 메타버스다. 중앙집권형 메타버스는 사용자에게 편리한 서비스를 제공할 수 있지만, 플랫폼 운영자에 대한 의존도가 높다는 단점이 있다. 대표적인 예로는 로블록스, 포트나이트, 제페토 등이 있다.

분산형 메타버스

플랫폼의 운영에 참여하는 모든 사용자들이 권한을 공유하는 메타버스다. 대표적인 예로는 디센트럴랜드, 샌드박스 등이 있다. 분산형 메타버스는 사용자의 권한을 보장하고, 플랫폼 운영자의 독점을 방지할 수 있지만, 기술적으로 복잡하고, 사용자 참여가 어려울 수 있다.

참여 방식에 따른 분류

공개형 메타버스

누구나 참여할 수 있는 메타버스다. 대표적인 예로는 로블록스, 포트나이트, 제페토 등이 있다. 공개형 메타버스는 사용자의 수가 많고,

다양한 활동을 할 수 있다는 장점이 있다.

폐쇄형 메타버스

특정 집단의 구성원만 참여할 수 있는 메타버스다. 대표적인 예로는 기업용 메타버스, 교육용 메타버스, 의료용 메타버스 등이 있다. 폐쇄형 메타버스는 보안이 강화되어 있고, 사용자의 참여가 활발하다는 장점이 있다.

앞으로 메타버스 플랫폼은 더욱 다양화되고 발전할 것으로 예상되며, 그에 따라 분류 방법도 더욱 세분화될 것으로 예상된다. 메타버스 플랫폼은 현재 급속도로 성장하고 있는 시장으로, 다양한 업계와 기업들이 참여하고 있다. 메타버스 플랫폼을 둘러싼 경쟁은 크게 두 가지 측면에서 살펴볼 수 있다.

수직적 경쟁

같은 유형의 메타버스 플랫폼끼리의 경쟁이다. 예를 들어, 로블록스와 마인크래프트는 게임 기반 플랫폼으로서, 사용자들의 참여와 창작을 유도하고, 다양한 장르와 스타일의 게임을 제공하며, 글로벌 시장을 공략하고 있다. 또한, 메타와 마이크로소프트는 기술 기반 플랫폼으로서, VR과 AR 장치를 개발하고, 클라우드와 인공지능(AI) 기술을 활용하며, 메타버스의 표준화와 통합을 추진하고 있다. 이러한 수직적 경쟁은 메타버스 플랫폼의 질과 다양성을 높이는 효과가 있다.

수평적 경쟁

수평적 경쟁은 다른 유형의 메타버스 플랫폼끼리의 경쟁이다. 예를 들어, 게임 기반 플랫폼과 커뮤니케이션 등 소셜 기반 플랫폼은 사용자들의 시간과 관심을 놓고 경쟁하고 있다. 또한, 기술 구현방식 기반 플랫폼과 게임 기반 플랫폼은 메타버스의 주도권과 영향력을 놓고 경쟁하고 있다. 이러한 수평적 경쟁은 메타버스 플랫폼의 협력과 융합을 촉진하는 효과가 있다.

빅테크 기업들의 개발 현황

현재 많은 기업들이 메타버스 분야에 투자하고 있다. 애플, 메타, 마이크로소프트, 구글, 아마존 등 빅테크 기업들은 각각 자신만의 메타버스 전략을 가지고 있다. 이들은 메타버스를 구현하기 위한 하드웨어와 소프트웨어를 개발하고 있으며, 경쟁과 협력을 통해 새로운 시장을 개척하고 있다. 이들 기업들은 메타버스에서 서로의 강점과 약점을 보여주고 있다.

애플은 자신만의 하드웨어와 소프트웨어를 통합하는 방식으로 메타버스를 구축할 것이라고 밝혔으며, 검색, 음성인식, 렌즈 등의 기술을 활용할 것이다.

메타는 자신의 VR 헤드셋인 퀘스트 프로와 소셜 VR 플랫폼인 메시(Mesh)를 통해 사용자들이 가상 세계에서 서로 만나고 협업하고 즐길 수 있도록 하고 있으며, 오픈 스탠다드와 상호 운용성을 위한 그룹을 설립하고 있다.

마이크로소프트는 클라우드 서비스인 애저(Asure)를 기반으로 메타버스를 구축하고 있으며, IoT, AI, 메시 등의 기능을 제공하여 물리적 개체와 가상 세계를 연결하고, 자연스러운 상호작용을 가능하게 한다. 최근에 메타와 마이크로소프트는 메타버스의 성장과 혁신을 위해 기술, 콘텐츠, 플랫폼 등 다양한 분야에서 협력할 것이라고 공식 성명을 발표했다.

구글은 검색과 AI를 중심으로 한 메타버스 전략을 가지고 있으며, 어시스턴트와 렌즈를 통해 음성과 시각을 활용한 자연스러운 인터랙션을 제공하며, 웹 기반의 온라인 비디오 회의 플랫폼인 게더타운과 파트너십을 맺었다.

아마존은 클라우드 컴퓨팅 서비스인 AWS를 활용하여 메타버스에 진입하고 있으며, AWS 클라우드 퀘스트라는 온라인 롤플레잉 게임을 통해 사용자들이 클라우드 컴퓨팅 스킬을 향상시킬 수 있도록 하고 있으며, 증강현실 기능인 아마존 뷰를 통해 사용자들이 가상 공간에서 제품을 시각화하고 구매할 수 있도록 하고 있다.

빅테크 기업들은 메타버스에서 자신의 입지를 확보하기 위해 지속적으로 연구개발과 혁신에 힘쓸 것으로 보인다. 그러나 메타버스는 단일 기업이나 플랫폼이 독점할 수 있는 것이 아니라 다양한 참여자와 협력자가 공동으로 만들어가야 하는 공동체다. 따라서 빅테크 기업들은 경쟁보다는 협력과 상호 운용성을 강조하고, 메타버스의 건강하고 지속가능한 성장을 위해 노력해야 할 것이다.

중앙화 · 탈중앙화 메타버스 플랫폼의 비교 분석

중앙화된 메타버스 플랫폼은 사용자들에게 고품질의 콘텐츠와 서비스를 제공하고, 보안과 안정성을 보장할 수 있다. 하지만, 중앙화된 플랫폼은 사용자들의 자유와 창의성을 제한하고, 개인정보와 데이터를 수집하고 활용할 수 있다. 또한, 플랫폼의 규칙과 정책에 따라 사용자들의 권리와 이익이 침해될 수 있다.

탈중앙화 메타버스 플랫폼은 블록체인 기술을 활용하여 사용자들이 직접 운영하고 관리하는 플랫폼이다. 이러한 플랫폼은 사용자들에게 자율성과 참여성을 부여하고, 개인정보와 데이터를 보호하고, 소유권과 보상을 인정한다. 하지만, 탈중앙화 플랫폼은 기술적인 한계와 낮은 접근성을 가지고 있으며, 콘텐츠와 서비스의 질과 다양성이 부족할 수 있다. 또한, 플랫폼 간의 상호 운용성과 호환성이 낮아서 사용자들의 경험이 제한될 수 있다.

현재 애플, 메타와 같은 빅테크 기업들은 자신들의 중앙화된 메타버스 플랫폼을 개발하고 있다. 애플은 혼합현실(MR) 헤드셋 '비전 프로'를 공개하고, 메타버스 플랫폼의 이름을 'xrOS'로 변경하며, 전용 앱스토어를 준비하고 있다.

반면에 샌드박스와 같은 탈중앙화 메타버스 플랫폼들은 블록체인 기반의 게임과 콘텐츠를 제공하고 있다. 샌드박스는 이더리움 블록체인에서 구동되는 웹 기반 3D 가상 세계 플랫폼으로, 사용자들이 자신만의 게임과 콘텐츠를 만들고 거래할 수 있다. 샌드박스는 나이키, 아디다스, 스눕독, 대영박물관 등 유명 브랜드 및 기관, 아티스트와 협력하며 다양한 NFT 콘텐츠를 제공하고 있다.

앞으로 중앙화된 메타버스 플랫폼과 탈중앙화 메타버스 플랫폼은 각각의 장점과 단점을 가지고 경쟁하고 협력하며 발전할 것으로 예상된다.

최근에는 중앙화와 탈중앙화의 장점을 모두 활용한 사례가 주목받고 있다. 롯데그룹 자회사인 칼리버스(Caliverse)는 현실과 디지털을 결합한 메타버스 플랫폼을 개발하고 있다. 웹 3.0 기반의 실감형, 몰입형, 그리고 참여형 메타버스 플랫폼을 구현하는 칼리버스는 독일의 디지털 휴먼 제작업체인 미믹 프로덕션(Mimic Productions)과 협력하여 고화질의 3D VR 아바타를 제작하고 있다. 또한, 칼리버스는 암호화폐나 NFT와 같은 블록체인 기술을 메타버스에 접목하여 새로운 경제 시스템을 구축하고 있다.

앞으로는 사용자들이 자신의 취향과 목적에 따라 다양한 메타버스 플랫폼을 선택하고 이용할 수 있을 것이다.

인공지능에 의한 메타버스의 발전

메타버스 인공지능 기술

메타버스에서는 현실과 디지털이 유기적으로 연결되고, 다양한 활동과 경험을 공유할 수 있다. 많은 기업들이 메타버스 분야에 투자하고 있다. 메타버스를 구현하고 발전시키기 위해서는 인공지능이 필수적인 역할을 한다. 인공지능은 메타버스에서 사용되는 다양한 기술적 요소를 제공하고 향상시킨다. 인공지능이 메타버스를 발전시키는 기술적 요소는 다음과 같다.

컴퓨터 비전

컴퓨터가 이미지나 비디오를 인식하고 분석하고 처리하는 기술이다. 컴퓨터 비전은 메타버스에서 사용자의 얼굴이나 몸을 스캔하고, 가상의 아바타나 오브젝트를 생성하고, 현실 세계와 가상 세계를 융합하는 데 사용된다. 예를 들어, 메타는 자신의 VR 헤드셋인 퀘스트 프로에서 사용자의 얼굴 표정을 인식하고, 아바타에 반영하는 기능을 제공한다. 애플은 자신의 AR 장치인 포털에서 사용자의 눈동자 움직임을 추적하고, 가상 세계에 맞추어 화면을 조정하는 기능을 제공한다. 컴퓨터 비전은 이미지나 비디오 데이터를 처리하기 위해 머신러닝과 함께 컴퓨터 과학의 기본적인 개념과 알고리즘을 활용한다. 예를 들어, 이미지 처리에서는 픽셀, 색상 공간, 필터링, 변환 등의 개념이 필요하고, 컴퓨터 비전에서는 특징 추출, 매칭, 분할, 인식 등의 알고리즘을 사용한다.

자연어 처리

컴퓨터가 자연어를 이해하고 생성하고 번역하는 기술이다. 자연어 처리는 메타버스에서 사용자와의 의사소통과 상호작용을 가능하게 한다. 예를 들어, 스냅챗은 자신의 AR 장치인 '스펙터클(Spectacles)'에서 사용자의 음성 명령을 인식하고, 가상 오브젝트나 필터를 적용하는 기능을 제공한다. 구글은 자신의 온라인 비디오 회의 플랫폼인 게더타운에서 사용자의 언어를 실시간으로 번역하고, 다국적 참여자들과 소통할 수 있도록 하는 기능을 제공한다. 자연어 처리는 자연어 데이터를 처리하기 위해 머신러닝과 함께 언어학과 심리학의 기본적인 개념과 이론을 활용한다. 예를 들어, 언어학에서는 형태론, 구문론, 의미론, 화용론 등의 분야가 있으며, 심리학에서는 인지과정, 언어습득, 의사소통 등의 주제가 있다.

머신러닝

컴퓨터가 데이터로부터 학습하고 예측하고 결정하는 기술이다. 머신러닝은 메타버스에서 사용자의 행동이나 성향을 분석하고, 개인화된 경험과 콘텐츠를 제공한다. 예를 들어, 아마존은 자신의 증강현실 기능인 아마존 뷰에서 사용자의 구매 이력이나 취향을 학습하고, 가상 공간에서 적합한 제품을 추천하는 기능을 제공한다. 로블록스는 자신의 3D 개발 플랫폼에서 사용자가 만든 게임이나 콘텐츠에 대한 평가나 피드백을 학습하고, 품질을 개선하거나 보상하는 기능을 제공한다. 머신러닝은 데이터를 처리하기 위해 수학과 통계학의 기본적인 개념과 방법을 활용한다. 예를 들어, 머신러닝에서는 선형대수, 미적분, 확률론, 최적화 등의 개념이 필요하고, 지도학습, 비지도학습, 강화학습 등의 방법을 사용한다.

인공지능 기술 적용분야

인공지능 기술은 메타버스에서 다양한 분야에 기여하여 혁신과 변화를 이끌어내고 있다. 주로 문화와 예술, 경제와 사회, 교육과 건강, 엔터테인먼트 등의 분야에서 중요한 역할을 하고 있다.

첫째로, 문화와 예술 분야에서는 인공지능이 컴퓨터 비전과 자연어 처리 기술을 활용하여 사용자들이 가상의 아바타나 오브젝트를 생성하고 자신만의 캐릭터나 작품을 만들 수 있게 해준다. 또한, 사용자의 취향과 스타일을 학습하여 다양한 장르와 언어의 문학이나 음악을 즐

메타버스 경제

메타버스 경제의 개념과 특징

메타버스 경제란 디지털 세계에서 발생하는 경제 활동을 의미한다. 메타버스 경제의 특징은 다음과 같다.

첫째, 메타버스에서는 현실에서 존재하지 않는 다양한 가상 자산들이 존재한다. 예를 들어, 아바타, 콘텐츠, 아이템, 랜드(Land) 등이 있다. 이러한 가상 자산들은 블록체인 기술을 통해 고유한 식별자와 소유권을 가지며, 거래와 교환이 가능하다. 또한, 가상 자산들은 한정된 수량과 고품질의 디자인으로 인해 희소성과 가치를 갖게 된다.

둘째, 메타버스에서는 현실 세계의 모방과 재현이 이루어진다. 예를 들어, 메타버스에서는 현실 세계의 지리적 장소나 역사적 사건, 유명 인물 등을 가상으로 구현하고 체험할 수 있다. 또한, 메타버스에서는 현실 세계의 사회적 · 문화적 · 경제적 규칙과 관습도 적용되거나 변형되어 존재한다. 이러한 미메시스(mimesis)는 메타버스에 현실감과 몰입감을 부여하며, 사용자들의 참여와 활동을 유도한다.

셋째, 메타버스에서는 다양한 상호작용이 가능하다. 예를 들어, 메타버스에서는 다른 사용자들과 소통하고 협력하거나 경쟁할 수 있다. 또한, 메타버스에서는 가상 자산들과 상호작용하거나 이를 조작하거나 변형할 수 있다. 이러한 상호작용은 메타버스에 다양성과 창의성을 부여하며, 사용자들의 만족도와 충성도를 높인다.

넷째, 메타버스에서는 동시에 많은 사용자들이 접속하고 활동할 수 있다. 예를 들어, 메타버스에서는 실시간으로 열리는 콘서트나 전시회, 교육 등에 참여할 수 있다. 또한, 메타버스에서는 다른 사용자들과 실시간으로 소통하고 협력하거나 경쟁할 수 있다. 이러한 동시성은 메타버스에 활기와 생동감을 부여하며, 사용자들의 관계와 소속감을 강화한다.

메타버스 경제는 현실 세계와 다른 특성과 장점을 가지고 있으며, 다양한 분야에서 혁신적인 변화를 일으킬 것으로 기대된다.

디지털 자산의 역할과 가치

암호화폐와 NFT 등 디지털 자산은 메타버스에서 매우 중요한 역할을 수행한다. 암호화폐는 메타버스에서 사용되는 디지털 화폐로, 블록체인 기술을 통해 보안성과 투명성을 보장한다. NFT는 메타버스에서의 소유권과 정체성을 인증하고, 다양한 콘텐츠와 서비스를 교환할 수 있게 해준다.

메타버스에서 디지털 자산의 역할은 몇 가지로 요약할 수 있다. 첫째, 암호화폐는 메타버스에서 가상 자산이나 콘텐츠, 서비스 등을 구매하거나 판매하거나 교환할 때 사용되는 결제수단이다. 여러 메타버스 플랫폼에서는 자체 가상화폐를 운영하고, 이를 이용해 다양한 거래가 이루어진다. 둘째, NFT는 메타버스에서 고유한 소유권을 인증하는 역할을 한다. 미술작품이나 게임 캐릭터, 아이템 등은 NFT로 발행하여 창작자의 권리를 보호하고, 사용자는 NFT를 소유함으로써 자신의 정체성을 나타낼 수 있다. 마지막으로, NFT는 메타버스에서 다양한 콘텐츠를 교환하는 데 사용된다. 사용자들은 소유한 NFT를 거래하거나 경매에 참여하여 수익을 얻거나, 또는 다른 메타버스 플랫폼으로 이동하여 활용할 수도 있다.

디지털 자산의 가치는 두 가지 측면으로 설명할 수 있다. 하나는 경제적 가치로서, 암호화폐와 NFT는 메타버스에서 경제적 가치를 창출하고 유통하는 데 기여한다. 블록체인 기술을 통해 공정하고 효율적인 거래를 가능하게 하며, 창작자와 사용자 간의 직접적인 가치 교환을 촉진한다. 또한, 이러한 암호화폐와 NFT는 희소성과 독창성을 갖기 때문에 시간이 지남에 따라 가치가 상승할 수도 있다. 또 하나는 문화적 가치로서, NFT는 메타버스에서 창작자의 개성과 비전을 표현하고, 사용자의 취향과 성향을 나타낸다. 이러한 NFT는 다양한 커뮤니티와 네트워크를 형성하고, 소통과 협력을 촉진하여 메타버스에서 풍부하고 다채로운 문화적 경험을 가능하게 한다.

메타버스에서의 디지털 자산은 디지털 세계의 '실제 자산' 역할을 담당한다. 현실세계에서 콘텐츠, 서비스, 물품, 부동산 등을 구매하는 것과 동일하게 디지털 자산은 교환에 사용되는 결제수단이 된다. 또한 현실세계에서 고유한 소유권을 인정하듯이 디지털 자산도 고유한 소유권을 보장할 수 있어야 한다. 소유권은 대표적으로 NFT를 통해 이루어질 수 있다. 따라서, 디지털 자산인 암호화폐와 NFT는 메타버스에서 매우 중요한 역할을 담당하며, 다양한 콘텐츠와 서비스를 교환하고, 경제적 · 문화적 가치를 창출하고 즐길 수 있게 해준다.

디파이와 메타버스 금융의 혁신

디파이와 메타버스 금융은 블록체인과 스마트 컨트랙트를 활용하여 금융 서비스를 제공하는 혁신적인 시스템이다. 이들은 예금, 대출, 거래, 보험 등 다양한 금융 서비스를 메타버스에서 효율적이고 민주적으로 이용할 수 있도록 도와준다.

이 혁신적인 디파이와 메타버스 금융의 장점은 다음과 같다.

첫째, 이들은 기존의 중앙화된 금융기관이나 플랫폼을 우회하고 사용자들이 직접 금융 거래를 수행할 수 있도록 한다. 메타버스에서는 암호화폐를 이용하여 다른 사용자들과 자산을 교환하거나, 스마트 컨트랙트를 통해 자동으로 이자를 지급하거나 받을 수 있다. 이를 통해 중개자의 수수료나 거래 지연 시간을 줄이고 거래의 투명성과 신뢰성을 높일 수 있다.

둘째, 디파이와 메타버스 금융은 사용자의 개인정보를 보호하는

화를 형성하는 데 있다. 메타버스에서는 가상화폐나 NFT 등 디지털 자산이 유통되며, 사용자는 자신의 정체성과 성향을 자유롭게 표현하고 다양한 사람들과 소통하며, 공동체를 형성할 수 있다. 또한, 메타버스는 새로운 교육 방식을 가능하게 하여 사용자가 현실에서는 불가능한 다양한 경험과 지식을 습득할 수 있다.

미래에는 메타버스가 인간의 삶에 놀라운 변화와 혁신을 가져올 것으로 기대된다. 메타버스는 인간의 삶의 질과 효율을 높여주며, 인간의 삶의 영역과 가능성을 확장시킨다. 이를 통해 인간들은 현실에서는 불가능한 완전히 새로운 세상을 살아갈 수 있으며, 개인의 가치와 의미를 재정립받는다. 디지털 세상의 미래를 예측하는 데 메타버스는 중요한 역할을 담당한다.

에필로그

블록체인과 인공지능의 융합이 열어줄 새로운 세상

블록체인과 인공지능은 미래의 기술혁명을 주도할 것으로 예상되는 두 가지 기술이다. 블록체인은 분산된 데이터베이스로서 거래의 안전성과 투명성을 보장하고, 인공지능은 인간의 문제해결 능력을 모방하는 컴퓨터 시스템이다. 이 두 기술이 융합되면 어떤 새로운 가능성과 가치를 창출할 수 있을까?

블록체인과 인공지능은 다양한 분야에서 혁신적인 변화를 가져올 것이다. 금융, 의료, 공공 서비스, 사회적 문제 해결 등 여러 분야에서 블록체인은 거래 비용과 시간을 줄이고, 신원 인증과 신용 평가를 간소화하고, 부정 행위와 사기를 방지하고, 새로운 금융 상품과 서비스를 만들 수 있다. 예를 들어, 블록체인은 국경을 넘어서도 쉽게 송금하고, 계좌가 없는 사람들에게도 금융 서비스를 접근할 수 있게 하거나, 창작자들에게 저작권 보호와 공정한 보상을 보장할 수 있다. 인공지능은 우리의 취향, 성격, 감정, 취미 등을 파악하고 맞춤형 대화를 제공하는 친구, 가족, 상담자, 교사, 의사 등 다양한 역할을 수행할 수 있으며, 다른 언어를 구사하는 사람들과 대화할 때도 실시간으로 통역해줄 수 있다. 예를 들어, 인공지능은 우리의 정신건강, 학습능력, 창의력 등을 향상시키는 데에 도움을 주거나 다른 문화와 소통하는 능력을 강화시켜줄 수 있다. 또한, 인공지능은 업무를 대체하거나 보조하며 다른 분야에서 우리와 함께하고 있다.

블록체인과 인공지능의 융합은 이러한 변화를 더욱 가속화하고 강화할 수 있다. 블록체인은 인공지능이 사용하는 데이터의 출처와 정확성을 검증하고 보호할 수 있으며, 인공지능의 결정과 정확성을 검증하고 보호할 수 있으며, 인공지능의 결정 과정과 결과에 대한 설명 가능성과 신뢰도를 높일 수 있다. 반대로 인공지능은 블록체인에 저장된 데이터를 빠르고 깊이 있게 분석하고 활용할 수 있으며, 블록체인 네트워크의 성능과 보안을 향상시킬 수 있다. 또한, 블록체인과 인공지능은 스마트 계약을 통해 자동화된 거래와 협업을 가능하게 할 수 있다. 예를 들어, 블록체인과 인공지능은 탄소 배출량을 기록하고 감소시키는 프로젝트나 인권 침해를 방지하고 사회적 정의를 실현하는 프로젝트 등 글로벌 이슈에 대한 인식과 협력을 증진시킬 수 있다.

블록체인과 인공지능은 아직 개발 초기 단계에 있지만, 우리 삶을 더욱 편리하고 안전하고 공정하게 만들 수 있는 잠재력을 가지고 있다. 하지만 이러한 기술들의 발전은 동시에 주의할 점들도 있다. 개인정보 보호와 빈곤 문제, 인공지능에 의한 일자리 손실과 블록체인의 법적 쟁점 등 여러 가지 도전과 과제들이 존재한다. 따라서 우리는 이러한 기술들을 적절하게 활용하고 윤리적 · 사회적 측면에서도 신중한 판단을 해야 한다. 또한, 기술의 발전과 함께 미래에 대비하여 교육과 자기계발을 통해 지속적인 준비와 발전을 이루어내야 한다. 이를 위해 우리는 메타버스와 같은 새로운 디지털 기술 분야를 활용하여 다양한 환경과 상황을 체험하고 학습하는 데에 도움을 받을 수 있다.

블록체인과 인공지능은 우리의 미래를 혁신적으로 변화시킬 수 있는 기술들이다. 이러한 기술들을 적극적으로 활용하여 미래를 준비하고 성공적으로 대응하는 것이 우리의 책임이다. 디지털 혁명이 가져올 변화에 적응하고 새로운 기회를 살피며 우리의 삶을 더욱 발전시키는 데에 주체적으로 참여하여 미래를 성공적으로 대비해야 한다.